辽宁省教育厅2020年度科学研究经费项目“公共突发卫生事件中的视觉信息设计研究”（LR2020013）阶段性成果

设计专业基础必读系列

NEW EXPLORATION OF BOOK DESIGN

书籍设计新探

许甲子 著

中国建筑工业出版社

图书在版编目（CIP）数据

书籍设计新探 = NEW EXPLORATION OF BOOK DESIGN / 许甲子著. —北京：中国建筑工业出版社，2021.8
(设计专业基础必读系列)
ISBN 978-7-112-26312-7
Ⅰ. ①书… Ⅱ. ①许… Ⅲ. ①书籍装帧－设计 Ⅳ. ①TS881
中国版本图书馆CIP数据核字(2021)第165320号

教材配套资源PPT课件下载说明：
本书赠送配套资源PPT课件，获取步骤：登录并注册中国建筑工业出版社官网www.cabp.com.cn→输入书名或征订号查询→点选图书→点击配套资源即可下载。（重要提示：下载配套资源需注册网站用户并登录）
客服电话：4008-188-688（周一至周五8：30-17：00）。

责任编辑：李成成
版式设计：许甲子　孙有强
责任校对：赵　菲

设计专业基础必读系列
书籍设计新探
NEW EXPLORATION OF BOOK DESIGN
许甲子　著
*
中国建筑工业出版社出版、发行（北京海淀三里河路9号）
各地新华书店、建筑书店经销
北京利丰雅高长城印刷有限公司印刷
*
开本：787毫米×1092毫米　1/16　印张：6½　字数：113千字
2021年9月第一版　2021年9月第一次印刷
定价：59.00元（赠课件）
ISBN 978-7-112-26312-7
（37887）

书籍作为传递知识与文化的工具，一直伴随着人类文明的发展。从传统向现代的转型过程中，中国书籍经历了漫长的演变过程，不论形式结构还是文化内涵，均需形成现代语境下民族文化精神的载体。

中国的书籍，自古代至今，经历过多种形态的演变，其定义也随之而演变。东汉的许慎在《说文解字·叙》中将书籍定义为“箸于竹帛谓之书”。在2001年修订版的《新华词典》中，“书籍”一词的释义为：“装订成册的著作。”[1]中国自20世纪初进入现代社会以来，现代印刷技术的引入促进线装书向平装书转变，在形式结构、制作材料、装订方式、图文布局方式等方面均发生了革命性的变化，进而形成书籍的现代化制度。同时伴随简体字使用、阅读方式改变、字体设计丰富等现代化形式的演变，形成书籍现代性的易读性趋势。

中国书籍从古代发展至工业时代的过程中，经历过多种工具、材料的使用，有过辉煌的装帧发展历史。中国对“西学”尊敬并借鉴的呼声，自清末已经此起彼伏，但中国社会对西方文化与技术的引入一直抱有复杂的情感与态度，书籍设计在内涵上也随之经历了“西风东渐”到“东风西鉴”的过程。尽管苏联、西欧各国、日本以及美国等其他国家的艺术风格为中国书籍设计带来一定的影响，但中国现代化以来的书籍设计风格走出了不同于其他国家的独特路线，从对西方文化的全盘吸收，到汲取西方的可用之处，再到现代语境下弘扬中国的文化精神。本书以中国现代设计发展为背景，展现中国书籍积极汲取技术、材料及设计理念多样的发展过程，从而形成自身的发展历程，具备多元化现状及可持续的未来。

本书不仅可以作为艺术设计专业师生、书籍设计爱好者、设计师、研究人员的观赏及参考书籍，也可作为高等院校书籍设计类课程的教材。不仅分析书籍的结构、设计，还结合当下设计学科的综合发展，分析信息视觉化设计所起的重要作用，是在新时期、新学科发展趋势下对书籍设计新探索的成果。

感谢大连医科大学艺术学院韩新萌老师，完成本书第三章与第四章部分内容，共计撰写7万字。“概念书”内容中的部分图例来自学生作品，他们在专业学习生涯中多为第一次制作概念书，尚有设计经验不足之处，但已经倾尽全力发挥创造性。

由于笔者学识有限，对于课题研究仍在探索阶段，本书尚存疏漏与表达未尽之处，恳请同行专家和广大读者予以批评指正。另外，希望广大师生与同行专家提出建议，以引导后续研究工作，使其更加完善。

目录 CONTENTS

第一章 中国百年书籍设计概念演变

第二章 解构现代书籍设计

第三章

技术之美 承载物化书籍

第四章

概念书与 书籍设计的未来

第一章
中国百年书籍设计概念演变

○ “装帧”一词的由来
○ “整体设计”的观念过渡
○ “书籍设计”的信息立体化

第一节“装帧”一词的由来

一、清末民初的“书籍美术”

作为传承人类文明的重要载体，书籍自其诞生伊始便发挥着举足轻重的作用，1989 年版的《辞海》对“书”的释义为：“装订成册的著作”[2]，“书籍”释义为：“用文字、图画或其他符号，在一定材料上记录知识、表达思想并制成卷册或微缩胶片等的著作物。”[2] 现代意义上的书籍，一方面作为物化的“商品”，由制作材料辅以印制技术并装订成册，可翻阅，具有使用功能；另一方面，“文字、图画或其他符号”等构成要素借助物质载体呈现，其运用方式传达了书籍本身的审美特性。中国传统书籍的装订演变，从春秋时期的简牍装（图 1-1），到东汉后期的卷轴装（图 1-2），

图 1-1
东汉简牍（摄于长沙简牍博物馆）

再到隋唐时期开始的册页装（包含经折装 、旋风装、龙鳞装等）（图1-3、图1-4），直至明清时期的线装（图1-5 ~图1-7），与印刷技术的更新有密切关系。邱陵教授在1984年出版的《书籍装帧艺术简史》中将书籍设计的工作部分称为“书籍美术”[3]。在书籍的版式设计、形式结构、封面设计等方面，民国初期，平装书逐渐形成，向绘画艺术倾斜。“书籍美术”成为清末民初时期书籍的主要审美表达方式。

西方印刷技术的传入促进了中国近代印刷工业的发展，不仅为书籍大批量的出版与发行提供了可靠的技术支撑，同时形成了科学的工艺流程。印刷过程开始自动化，设计与生产逐渐分离，形成各自独立的分工（图1-8）。20世纪初，印刷工业快速发展，出版机构如雨后春笋般出现。在书籍设计领域使用“装帧”一词之前，书籍封面及插图的设计工作通常以美术家绘制图像与美术

图1-2
卷轴装书籍（摄于上海图书馆）

图1-3
传统书籍函套（摄于上海图书馆）

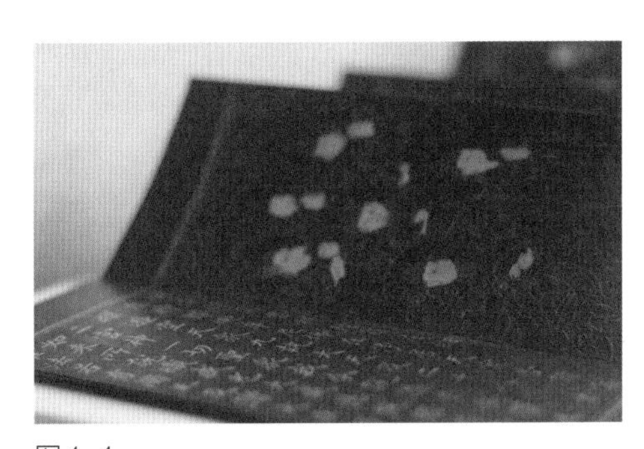

图1-4
经折装书籍（摄于上海图书馆）

图1-5
《乐石第一集》，1914年，李叔同编辑、设计装帧，寄赠东京美术学校并题签（图片由钱君匋艺术研究馆提供）

图1-6
《乐石集》，1916年，李叔同编辑、设计装帧。署名：李岸；钤印：李息之印（图片由钱君匋艺术研究馆提供）

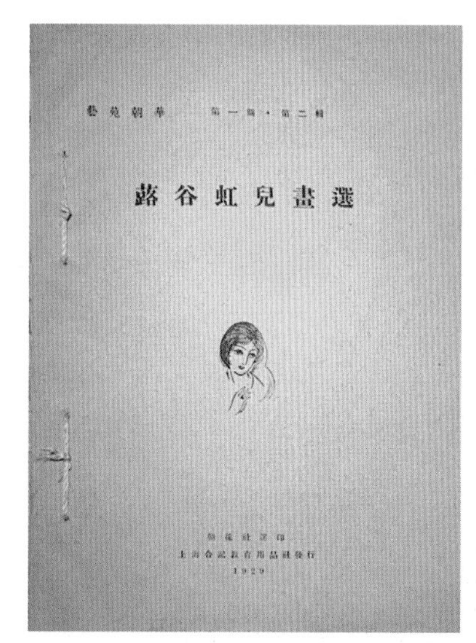

图 1-7
鲁迅筹集资金出版的《蕗谷虹儿画选》
（摄于上海鲁迅纪念馆）

图 1-8
土山湾印书馆进行学徒制的印刷技术传授
（摄于上海土山湾博物馆）

字为主，有时也将美术作品直接用于书籍封面，他们的书籍设计工作多数以在出版机构兼职的方式进行。如陈之佛、丰子恺等留学日本的老一辈艺术家推动书籍艺术形式的西化；钱君匋、陶元庆、叶灵凤等艺术家在艺术创作活动中研究与参考其他国家的艺术风格，他们共同促成中国现代书籍装帧设计的萌芽。邱陵先生通过对书籍装帧艺术史的研究，将致力于这一事业的主体称为“书籍美术工作者”“装帧美术家”[4]。

由此可以看出当时书籍设计工作有两个特点：其一，书籍设计工作的主要群体以美术家为主，他们在从事与书籍设计相关的工作时，将美术作品直接作为封面设计的元素或一部分，或根据书籍的主题有针对性地创作美术作品作为其封面画、插图或美术字；其二，尽管书籍的设计工作开始与印刷、装订、制作相分离，但尚未形成完全独立的书籍设计师职业，大多由美术家、文学家、出版人等群体面对书籍制作需求时兼职设计，他们除了书籍之外还有其他类型艺术作品的成果（图 1-9、图 1-10）。

因此，直至 20 世纪初期，平装书的装订技术引入不久，书籍的艺术特征主要以美术家创作的“封面画”来体现，美术作品通过艺术家的美术功底呈现于封面的方寸之间，通过印刷手段而得到大量复制。因此，在艺术设计学科尚未形成运用于书籍封面及内页的知识体系时，“书籍美术”这一概念体现了当时书籍的艺术性特征（图 1-11、图 1-12）。

图 1-9
《动摇》封面，钱君匋设计，商务印书馆，1930 年出版（图片由钱君匋艺术研究馆提供）

图 1-10
《良友》（第 39 期）画报封面及局部，1934 年 1 月出版（摄于中国美术学院设计博物馆）

图 1-11
《文学》创刊号，郑川谷设计，上海生活书店，1933 年 7 月出版（图片由钱君匋艺术研究馆提供）

图 1-12
《戈壁》半月刊，叶灵凤设计，上海光华书局，1928 年 5 月出版（图片由钱君匋艺术研究馆提供）

二、民国时期的“书籍装帧”

中国古代有着辉煌的装帧历史，不论形式的制定还是材料的选择，每个历史时期都有其不同风格的体现。中国书籍装帧设计的思想随着西方印刷工业的引入进入萌芽阶段，工业发展先进的欧洲国家，正在经历工艺美术向现代主义设计的变革，设计逐渐脱离制作而独立，成为专门的学科门类。阿尔丰斯 · 慕夏（Alphonse Mucha）在 18 ~ 19 世纪之交的封面分解图（图 1-13），体现了此时西方工业化背景下的设计意识。

20 世纪 20 年代前后，“装帧”这一词语引入中国并开始出现在相关文献中。在 1998 年版的日文书《広辞苑》中，从汉语与日语的转换查询来看，该词在日语中释义为“装丁”“装釘”[5]，与中文的“装订”同义。在日语中，尽管有对“装帧”一词的阐释，但并没有发现“装帧”二字的直接组合，只有“装丁”“装画”“美本”等含义相近的词，因此“装帧是日本的词汇”这一提法尚需进一步明确（图 1-14）。日语“装丁”的概念仅限于书籍装订成册的范围。以精装书为例，从图 1-14 不难看出，其中包含了书籍的封面、封底、书脊、环衬、扉页、勒口等，它们与整本书成为一体。装订这种以人为主体的活动，将二维空间内的纸张上的信息加以整合，形成三维立体的实物，生成能够传播信息、产生经济价值的商品。

20 世纪初期，书籍的印刷技术有了较大提升，书籍的主流装订方式

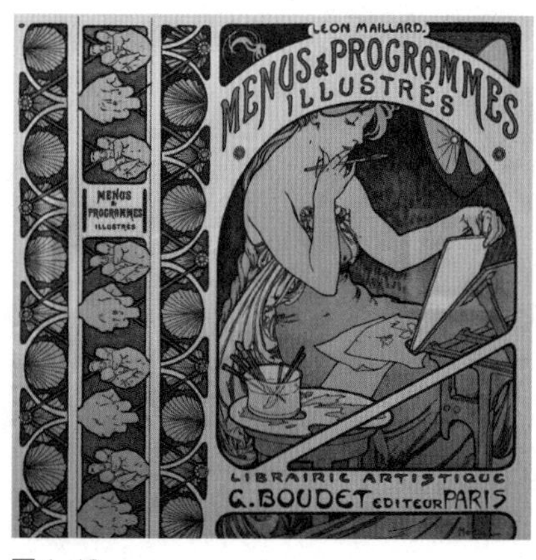

图 1-13
《实用插图》封面分解图，阿尔丰斯 · 慕夏（Alphonse Mucha）绘制

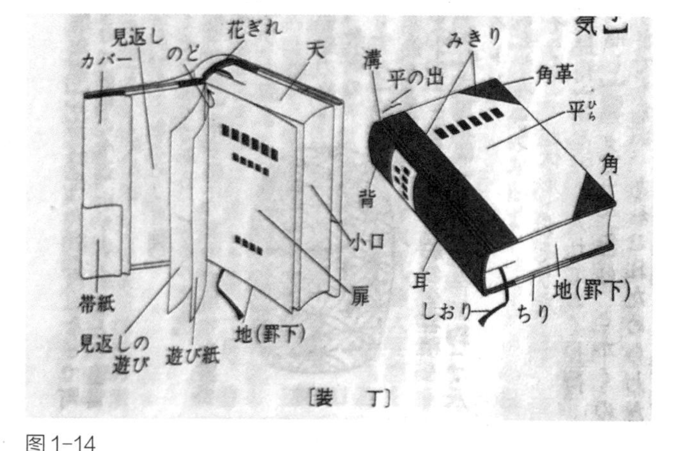

图 1-14
《広辞苑》第五版对于“装丁”的日文图解（来源：新村 .《広辞苑》（第五版）. 东京：岩波书店 ,1998.）

图 1-15
《新青年》不仅是新文化、新思想的革命象征，也是平装书范式发起的代表。图为《新青年》（前身为《青年杂志》）第一卷第一号，16 开本（摄于中国美术学院设计博物馆）

图 1-16
1927 年的《东方杂志》使用域外图案作为封面画，陈之佛设计。（摄于中国美术学院民艺博物馆）

从线装向平装过渡（图 1-15），但“书籍装帧”概念的内容却没有丰富，较多局限在书籍封面的艺术性装饰上。钱君匋先生曾经在《书籍装帧》一书中提及：“（19 世纪）30 年代的书籍装帧，一般指的就是封面，不涉及其他。”[6] 随着铅活字印刷技术的发展，书籍在演变的同时，外在形式也受日本书籍、杂志等刊物封面画的影响，封面趋向于美术化的表达。如图 1-16 ~ 图 1-18 的《东方杂志》，陈之佛先生将日本习来的图案学知识应用于书籍封面，在写实的基础上对描写对象进行艺术化表达。因此，“装帧”的定义确定之后，与装帧相关的“书籍装帧”在“装帧设计”“装帧艺术”“装帧工艺”“装帧材料”等概念的界定，就有了一致性。

图 1-17
1929 年的《东方杂志》使用域外图案作为封面画（第二十六卷第十八号），陈之佛设计（摄于中国美术学院民艺博物馆）

图 1-18
1930 年的《东方杂志》使用域外图案作为封面画(左: 第二十七卷第四号; 中: 第二十七卷第十号; 右: 第二十七卷第二十号。)（摄于中国美术学院民艺博物馆）

值得注意的是，相较于书籍美术工作，书籍装帧艺术工作包含书籍审美的艺术范畴与功能上的技术范畴，概念内涵得到扩展。书籍设计事业随着时间推移、技术进步而向前推进，但从“书籍美术”到“书籍装帧”的概念转换，并不完全是随时间递进的关系，在此后很长时间内，这两个概念几乎是同时使用的，直到 20 世纪 80 年代初，随着书籍装帧相关理论书籍的诞生，“书籍装帧艺术”才得以确定。张慈中先生在 1980 年界定了“书籍装帧艺术”的含义：“有了装帧设计的方案和图纸，还不算是装帧艺术，只有当方案上、图纸上的设想通过印装工人的生产实践活动，成为装帧具象——书籍实体的时候，这才谈得上‘书籍装帧艺术’。”[7] 由此“装帧”概念在中国从无至有，书籍随之发生制度上的革命，进一步满足了当时人们对阅读、审美与书籍整体表达的更高需求，书籍在装帧方面可以设计发挥的空间进一步扩大。除封面画和插图之外，还要考虑各细节要素与使之物化呈现的技术效果之间的平衡。闻一多绘制的封面数量较多，颇为典型的有《猛虎集》封面（图 1-19）与《死水》（图 1-20）扉页插画等，将传统绘画风格体现于书籍装帧中；鲁迅具有超越时代的设计意识，许多著作的封面都体现出当时少有的简洁与规则（图 1-21 ~ 图 1-23）。

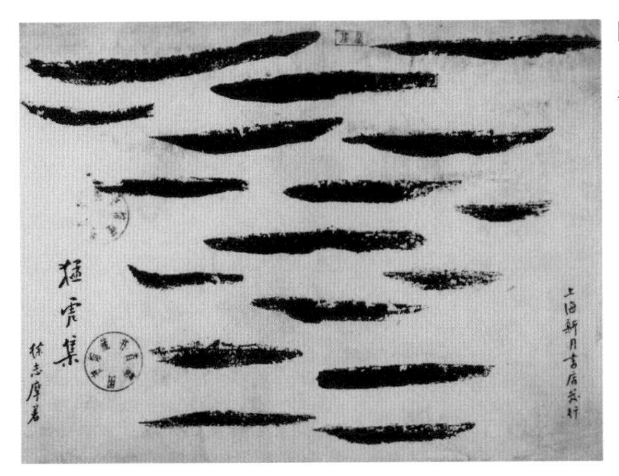

图 1-19
《猛虎集》，徐志摩著 ,1931 年出版 , 闻一多绘制封面（摄于中国艺术研究院中国油画院陈列馆）

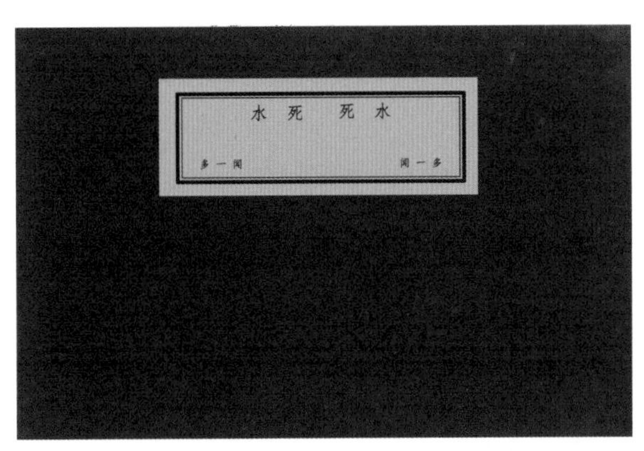

图 1-20《死水》封面与内页 ,1930年新月书店出版 , 闻一多绘制封面（摄于中国艺术研究院中国油画院陈列馆）

图 1-21
《桃色的云》，1923 年出版，生活书店（摄于上海鲁迅纪念馆）

图 1-22
《呐喊》, 鲁迅第一本小说集 ,1923 年出版（摄于上海鲁迅纪念馆）

图 1-23
《引玉集》封面（摄于上海鲁迅纪念馆）

三、新中国初期“书籍装帧”教育初现

新中国成立后，在社会主义工业化的状况中，民国时期的图案教育显露出一些弊端，如图案科或图案手工科设置过于分散、学科名称不一，在发展上缺少宏观的规划和管理，导致教学目标与内容相脱节。新中国成立后，工艺美术教育得到了重视。1956 年，国务院批准中央工艺美术学院成立，成为独立的高等专业工艺美术教育机构。成立初期，学院分为“染织美术系、陶瓷美术系、装璜美术系”[8]。书籍装帧专业隶属于当时的“装璜美术系”，在中国高等专业院校中率先成立。书籍装帧专业之初成立，虽未形成系统的“设计”观念，却推动着工艺美术向设计学科演变。专业院校推行书籍装帧教育体系，为装帧行业培养了大量的装帧设计人才，他们致力于书籍装帧艺术的发展，为出版行业和书籍装帧专业的发展作出了诸多贡献。他们当中有的较早接触西方或日本设计教育的先进理念，并将其引入国内；有的见证了中国现代以来图案教育的萌芽，在理论与实践方面进行提升，推动中国书籍装帧艺术表现形式进步的同时，吸收并消化西方文化中的营养。图 1-24 为庆祝新中国成立 10 周年制作的中国画册，尺寸八开，装帧及印刷工艺在当时来讲较为精湛。

在专业与课程设置方面，书籍装帧专业为了培养“独立进行全套书籍装帧设计及美术编辑专门人才，专业学习内容包括精装书、平装书的全套美术设计，如护封、封面、书脊、扉页、版式及装帧材料，印刷工艺等”。[9] 书籍装帧专业十年初创时期发展颇为艰辛，代表人物有邱陵（图 1-25）与张光宇[1]（图 1-26）等，专业课最开始设有封面设计、插图、编排和书籍宣传四门课程，由此可见，书籍装帧教育在最初的教学理念上，对“装帧”的理解就不再局限于民国时期书籍的封面画或封面装饰图案，而是更加注重书籍“整体观”的提升，并要求学生了解与掌握一定的印制技术。装帧设计的范围也不仅仅停留在封面设计，刊头、题花、版面、编排设计都是安排专业课程需要考虑的部分，本科毕业生需经过 5 年学制的人才培养周期。1961 年，书籍装帧专业培养出的第一批本科毕业生走向社会，推动了新中国书籍事业的现代化进程，形成了专业化的考核标准和专业规范，代表作有邱陵先生于 20 世纪 60 年代完成《出版业务知识》《书籍装帧设计》，之

1　张光宇（1900 ~ 1965），著名装饰艺术家、漫画家。曾任大中华、永华等影片公司美工主任，香港人间画会会长，中央美术学院、中央工艺美术学院教授，中国美术家协会理事。

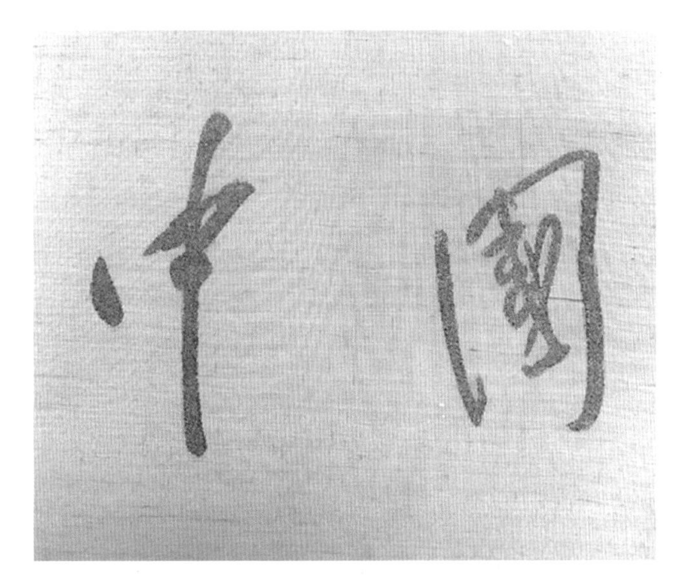

图 1-24
《中国》画册，“中国”画册编辑委员会编，1959 年出版（摄于上海图书馆）

图 1-25
丁聪为邱陵先生绘制的肖像

图 1-26
丁聪为张光宇先生绘制的肖像

后出版了《书籍装帧艺术简史》（图 1-27）、《版面设计》《书籍装帧设计原理》等教材。除了从事书籍装帧事业多年的邱陵与张光宇，邹雅、庞薰琹、袁迈诸等人也为教学作出了积极的贡献。图 1-28 为邱陵先生设计的《海誓》封面。尽管封面仅使用彩色印刷，没有较多工艺，但仍然是一幅完整的艺术作品，其艺术形式来源于日本浮世绘的海浪图，洋为中用且符合“海誓”的主题，扉页中还用图案做了装饰。书的封面、书脊与封底连接，体现了现代装帧设计的思想。张光宇先生设计的杂志名称字体如《万象》（图 1-29）与《装饰》（图 1-30），后者在几十年中经历了内容的更新与装帧技术的变革，但是其名称字体一直沿用至今。

图 1-27
《书籍装帧艺术简史》，黑龙江人民出版社 ,1984 年出版

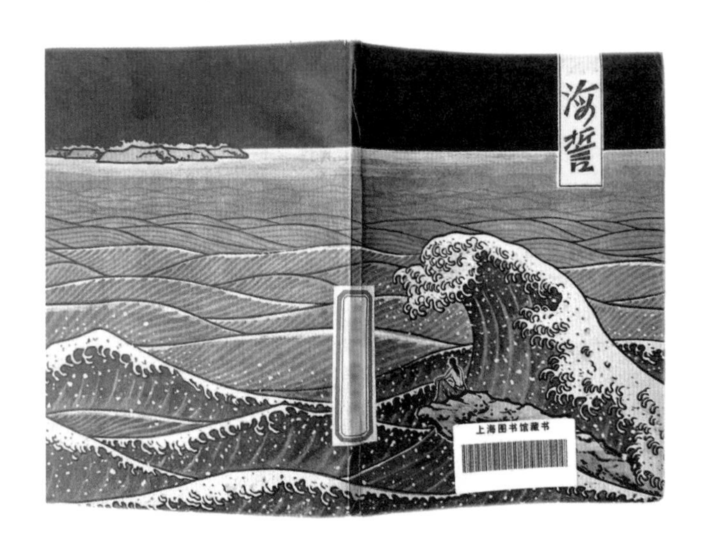

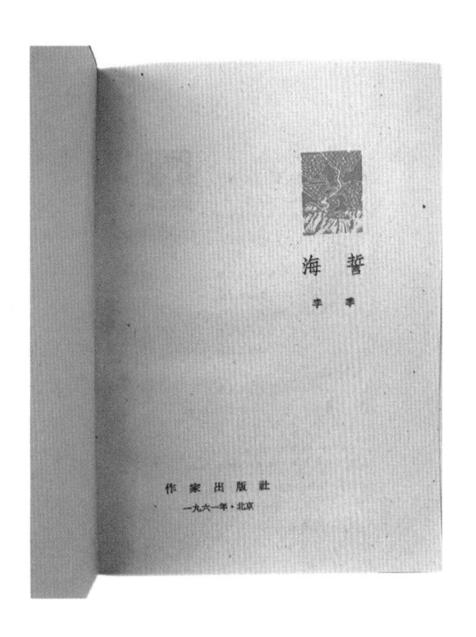

图 1-28 《海誓》，作家出版社 ,1961 年出版（摄于上海图书馆）

图 1-29 张光宇先生为《万象》杂志设计的刊名及期刊封面

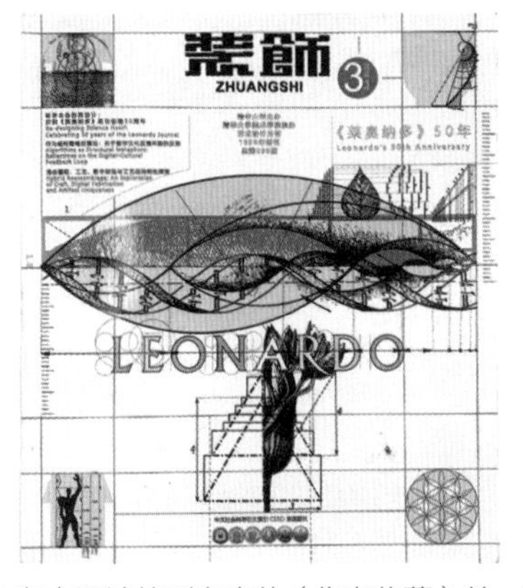

图 1-30 张光宇先生为《装饰》杂志设计的刊名字体（作者临摹）并一直使用至今

第二节 “整体设计”的观念过渡

一、西方设计观念的影响

“西学”对中国的影响具有普遍性和持续性。20 世纪以来，书籍采用现代印刷技术，在装帧形式上完成现代化转型，“平装书”逐渐普及，中国现代装帧艺术语言开始形成。西方的工业文明与中国的图案、工艺美术教育产生碰撞。彼时中国书籍的设计还依靠手工排字、绘图，版式上仍是繁体字形与中文竖排。新文化运动后，中国社会在思想上、观念上有了巨大改变，陈之佛较早地接受日本的图案教育并将其带回中国。随后，庞薰琹、雷圭元等人陆续从法国留学归来，带来了艺术表现形式的新理念与新方式，使中国的书籍不但有新的印刷技术，还有新的封面样式。这种封面新样式，大多来自对“西方样式”的借鉴。

书籍承担着文化传播的使命，在印装技术快速发展的时代背景下，物化书籍对整体形式的表现有了进一步要求。通过接受设计教育，从事装帧设计的主体日趋专业化，他们自觉地或潜移默化地将西方现代设计思想融入作品中。20 世纪 80 年代之后，西方的设计潮流与教育思想影响至建筑、产品、海报、字体、书籍封面等多个领域，中国书籍的设计主体人群由于接受改革开放后的设计教育，也受到西欧、美国和日本的艺术潮流与设计风格的影响。20 世纪 80 至 90 年代的书籍设计，较多受到欧洲工艺美术运动、俄国构成主义、日本现代主义设计以及国际主义网格设计风格的影响，甚至有的设计者将“西方样式”直接运用于中国书籍封面的艺术形式中，主要表现在图形的处理手法、字体变化以及设计构成方式上。

（一）欧洲工艺美术运动的影响

随着 18 世纪中叶的印刷技术革命的开展以及排版技术机械化的推行，以推崇自然主义、东方装饰和东方艺术为特征的工艺美术运动于英国的

19 世纪中后期发生。这一时期艺术开始考虑以实用为目的，主要表现在平面设计作品与书籍艺术上。尽管在今日看来，当时的作品仍然采用繁琐的纹样与图案填充整个平面，但与欧洲早期书籍采用贵重材料的雕饰与手工装订的书籍相比，已经开始减少装饰材料的使用，图形概括性加强，这成为艺术形式具备功能性表达的发端。1991 年版的《安徒生童话全集（新译本）》（图 1-31），精装本由周建明做整体设计。根据童话故事主题的特点，封面使用植物装饰纹样彩色印刷，植物纹样充满整个画面，线条流畅、明快，左右对称，色彩艳丽丰富，封面中间安徒生的头像与黑色块的金色边框为烫金工艺，整本书看起来具有较为明显的欧洲工艺美术时期的装饰纹样风格。

（二）俄国构成主义的影响

俄国的构成主义设计运动伴随俄国十月革命的发生，开始于 20 世纪 20 年代，涉及建筑、艺术与设计领域，其影响不亚于荷兰“风格派”与德国包豪斯设计学院的现代主义设计风格。构成主义的三个原则为：“技术性（tecnonics）、肌理（texture）、构成（construction）”[10], 这三点包含了构成主义设计风格的全部特征。与写实的艺术风格相比，构成主义更加

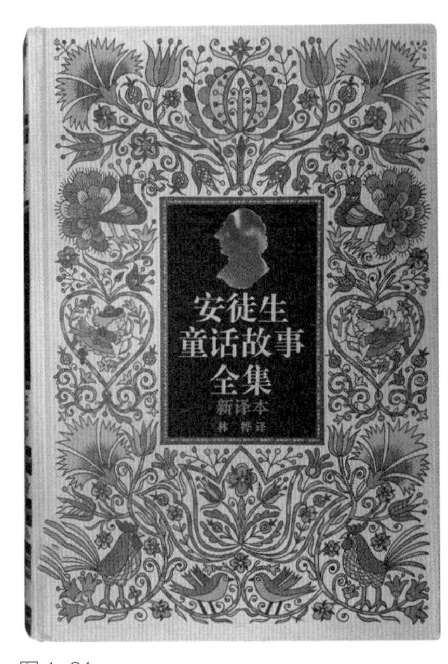

图 1-31
《安徒生童话故事全集》，1991 年出版，周建明设计（摄于上海图书馆）

图 1-32
《建筑工程基础数学》，1981 年出版，中国建筑工业出版社（摄于上海图书馆）

图 1-33
《形式逻辑》，1981 年出版，上海人民出版社，甘晓培设计（摄于上海图书馆）

图 1-34
《中国历代服饰》，1984 年出版，学林出版社，任意设计（摄于中国国家图书馆）

理性，结合数学知识对面积、体积进行计算与分割，抛弃感性描绘走向抽象概括的形式主义。在构成主义设计的语境下，无衬线字体体现了较强的文字识别的功能。在俄国十月革命之后，尽管构成主义设计风格在发展过程中受到了俄国政府的干扰，但它产生的影响却给包豪斯设计学院的办学带来了启发。20 世纪 80 年代后，中国的设计教育也将构成主义纳入艺术设计学科基础课程教学体系中。以构成的方式来设计的中国现代书籍，先是较多地体现在科学技术类书籍，如 1981 年由中国建筑工业出版社出版的《建筑工程基础数学》（图 1-32）的封面，具有透视感的不同形状的几何图形排列、组合在一起，在平面空间上形成了一点透视的若干几何形，形似建筑外形。书名在土黄的底色上用白色专色印刷，并且位于透视点的位置。同为上海人民出版社 1981 年出版的《逻辑形式》（图 1-33），封面由甘晓培设计，封面设计使用了曲线的构成方式，不对称的构图、蓝色与黄色的互补色共同形成了强烈的视觉效果。1984 年由学林出版社出版的《中国历代服饰》（图 1-34），护封的设计十分随性，使用中国传统服饰的平面化外观，在写实的基础上以对称的方式在封面、封底与书脊上呈现，形成既具有鲜明民族风格又具有图形简化感的构成主义形式的装帧作品。

（三）日本设计风格的影响

中国现代书籍设计，受日本设计风格影响较大，大多表现在日本文学译著的装帧上。例如陶雪华设计的《黑潮》（图1-35），封面以灰色为底色，将层层叠叠的海浪抽象化为黑色三角形色块，通过不同的面积来显示波浪起伏并形成近大远小的效果，色块图形使用黑色，与书名相呼应。整个封面使用红、灰、黑三种颜色，在视觉上既严肃又具有日本译著的地域特点。在钱月华设计的《伟大的道路》（图1-36）封面中，朱德骑着骏马的伟岸形象具体地呈现出来，与红色的抽象线条构成鲜明的对比。线条从下至上由疏至密，代表地面至地平线之间广袤的土地，空白处代表天空，在视觉上有空间的纵深感。

图1-35
《黑潮》，1978年出版，上海译文出版社，陶雪华设计
（摄于上海图书馆）

图1-36
《伟大的道路》，1979年出版，三联书店，钱月华设计
（摄于中国国家图书馆）

（四）国际主义网格设计风格的影响

在中国 20 世纪 80 年代后的书籍设计作品中，科学技术类与政治经济类图书因具有严谨、严肃的题材特点，较多使用国际主义网格设计风格。如郭景云设计的《机械设计手册》（图 1-37）、翁文希设计的《领导科学基础》（图 1-38）以及尹凤阁设计的《简明政治经济学辞典》（图 1-39），封面设计都是以网格的分割为基础进行线条或色块的规划，并且从画面中能找到其分割的规律。《领导科学基础》尽管在色块的构成上类似蒙德里安的经典作品《红、黄、蓝构图》，但是在此基础上能够通过几何算法找出面积大小关系的数学规律。

（五）西文与汉字编排的适用性

20 世纪 50 年代中国颁布汉字简化改革方案与拼音实行方案。由于受构成主义设计风格与网格构成无衬线字体设计的影响，加上汉语拼音与英文字形上具有相似性，在版式的编排需要对文字进行组合处理时，设计一般搭配使用英文或拼音的排列，如《机械设计手册》与《领导科学基础》，都使

图 1-37
《机械设计手册》，1991 年出版，机械工业出版社，郭景云设计（摄于上海图书馆）

图 1-38
《领导科学基础》，1983 年出版，广西人民出版社，翁文希设计（摄于上海图书馆）

图 1-39
《简明政治经济学辞典》，1983 年出版，人民出版社（摄于上海图书馆）

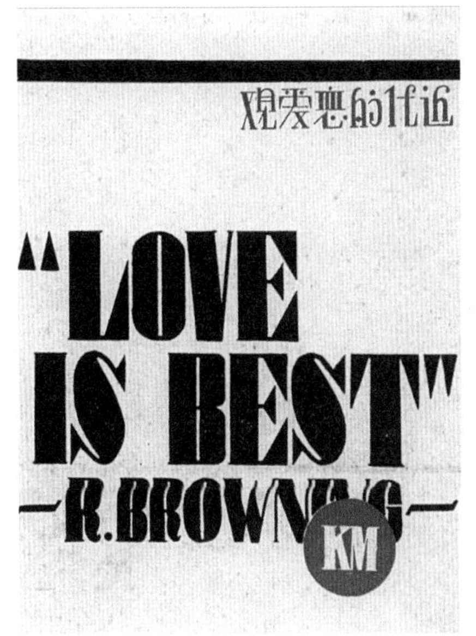

图 1-40
《近代恋爱观》1935 年版，开明书店出版，[日] 厨川白村著，夏丏尊译，钱君匋设计封面（图片由钱君匋艺术研究馆提供）

用无衬线字体与汉字排列。《机械设计手册》中搭配的英文字符使用了笔画较细的无衬线字体；《领导科学基础》使用汉语拼音与中文书名呼应。但值得注意的是，这种以方正字形构成的中文字体与以曲线为主的西文字体的组合搭配，并没有实际的内涵指向。因对外开放政策，中国的文化视野逐渐开阔，西方国家的技术逐步改变人们的生活方式，人们的观念受到外来文化的影响，在审美观念上认为西方的即是现代的；另一方面，中国设计师在西文字体的设计上也有所建树。因此，中西文的组合排列，在视觉审美上起到了提升现代感与提高审美格调的作用。钱君匋设计、1935 年出版的《近代恋爱观》封面（图 1-40），西文艺术字不仅反映了构图，而且与中文书名对应。20 世纪 80 至 90 年代的字体设计中，方正的中文搭配曲线化的拼音或英文，有一部分原因为其“西洋化”，即视觉效果上的“洋气”，可以提升书籍的美感与现代感。但书籍的本质是阅读，为实现读者的阅读目的与感官的舒适，这需要设计师通过专业训练提高审美修养。

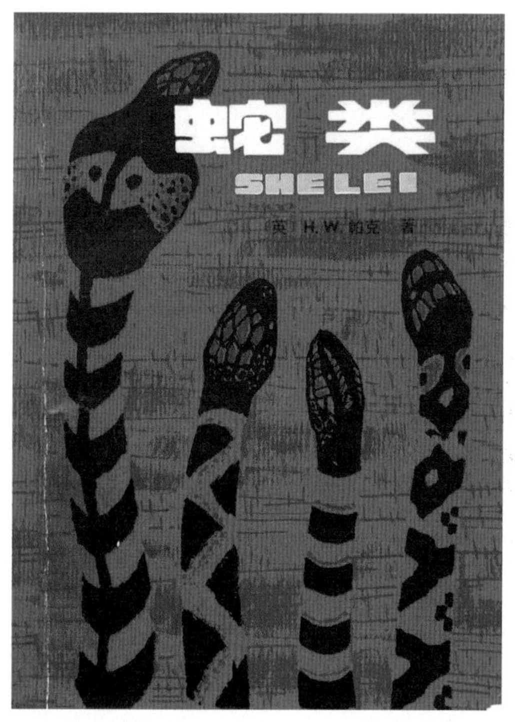

图 1-41
《蛇类》，科学出版社，1981 年出版，吕敬人设计（摄于上海图书馆）

二、“整体设计”的概念提升

改革开放后，技术的发展极大地促进了平面设计、字体设计、版式设计的进步。西方的词条中没有“装帧”一词，而是用“book design”表示“书籍设计”，在书籍封面、插图与版式的编排上，表现风格多样。由于地域的相近与文化的相似性，对中国现代设计影响相对较大的国家，要属日本。国内很多学者对日本书籍设计作品进行过研究，其结论有个共同点，就是将书籍各个要素贯穿于设计之中，包括一本完整的书与其宣传品，即追求书籍的“整体设计”。如吕敬人设计的《蛇类》封面（图 1-41），蛇身的纹路与底色相融，不仅考虑图形设计，还考虑书名字体的设计，形成“整体设计”的观念。《北京画院密藏齐白石精品集》（图 1-42）则在黑色封面上用黑色电化铝工艺，具有现代设计的意味。《中国民间美术全集 1-4》（图 1-43）为系列丛书，不论封面、书脊还是内页的排列，都具有规则性与整体性。

中国的书籍设计师们也意识到了设计的整体性问题。从第二届全国书籍装帧艺术展览的评选开始，出现了“整体设计”奖项。另外，1980 与 1981 年两次由中国出版工作者协会举办“全国书籍装帧优秀作品评选”活动，活动设置有五个奖项，其中包括“整体设计”奖。2001 年修订版的《新华词典》中对“装帧”一词的解释为：“图书的封面、插图等美术设计和版式、字体、装订等技术设计。”[11]20 世纪 80 年代热议的“技术设计”中所需要的印刷技术参数的设计工作，如版面设计，也被纳入“装帧”的范畴，“装帧”一词便有了自现代书籍艺术发展以来更为广泛的包容性，打破了封面装饰与装订技术分离的局面，使二者成为一个整体。这要求设计师不仅要具备良好的审美修养，也要对纸张材料

图 1-42
《北京画院密藏齐白石精品集》，1998 年出版，广西教育出版社 + 广西美术出版社，姚震西设计（摄于上海图书馆）

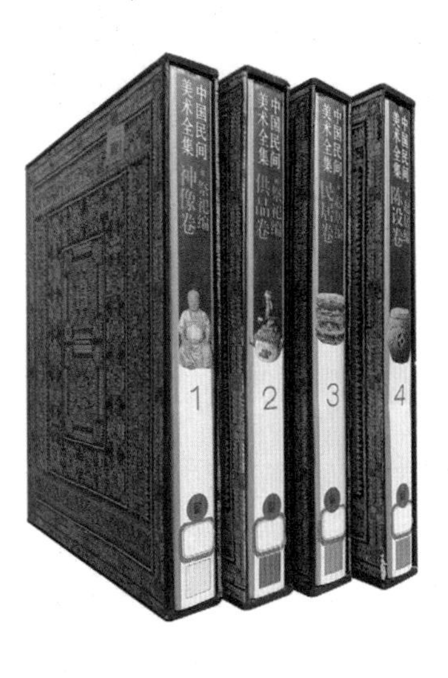

图 1-43
《中国民间美术全集1-4》1995 年出版，山东教育出版社 + 山东友谊出版社，吕敬人设计（摄于上海图书馆）

图 1-44
《吕胜中线描选》，1991 年出版，广西美术出版社，苏旅、吕胜中设计（摄于上海图书馆）

及印刷技术有一定的了解，还要对书籍各个部分的整合与制作技术有所兼顾（图 1-44、图 1-45）。

“装帧设计”与“整体设计”不是更迭关系，“装帧”的说法并没有因为时代的发展而被淘汰，时至今日仍然被频繁使用。它与“整体设计”的观念共同存在，并不冲突，只是两者涵盖的范围不同，书籍的整体设计还包括装帧与技术设计。就像 20 世纪 80 年代从工艺美术向艺术设计教育转型，艺术设计专业也包含工艺美术课程。正如 20 世纪后的设计艺术，在多元、跨学科发展的语境下，工艺美术教育因具备独特的审美价值而不会消失一样，“装帧”也具有其存在的合理性。

图 1-45
《中国版画史图录》，1988年出版，上海人民美术出版社，陆全根设计（摄于上海图书馆）

第三节 “书籍设计”的信息立体化

一、何谓“书籍设计”

在 2001 年修订版的《新华词典》中，“书籍”一词的释义为：“装订成册的著作。”[12] 从现代书籍的册页角度简要地对书籍进行释义，说明书籍包含“装订”技术并最终以“册”的形式展现。书籍的本质是实现愉悦地阅读，它包含视觉上以人为阅读主体的互动，人的触觉、听觉、嗅觉、味觉等感官的互动以及心灵上的互通，并且实现阅读体验过程的体舒神怡。因此，设计师在接到书籍文稿后，如果能通过整本书的封面、封底与内页版式设计在视觉上对人们传达，使纸张及印装技术成为触觉的接触媒介，书籍的设计过程便可以视觉与触觉为主，同时思考如何在其他感官方面为读者创造和谐而生动的互动途径，以实现良好的阅读体验。书籍作为具有文化属性的商品，统一的品牌形象可以体现出版机构的出版文化。

余秉楠先生较早留学德国莱比锡版画与书籍艺术设计高等学校并学习西文设计，在中国现代书籍设计者中，他较早地直接接触书籍设计的概念，并阐明书籍设计的含义：“指开本、字体、版面、插图、目录、扉页、环衬、封面、护封以及纸张、印刷、装订和材料的事先的艺术设计。也就是从原稿到成书应做的整体设计工作。”[13] 书籍设计家吕敬人在其先后两版的《书艺问道》中，用一定篇幅阐述了“书籍设计”概念的转换，并在中国 21 世纪以来的书籍设计研究领域逐渐得到认可与引用。“书籍设计”概念的提出，使书籍的设计理念随着时代的发展变得更加充实与立体化。

二、“书籍设计”概念的多元立体化

书籍设计师吕敬人先生师从于日本神户工科大学杉浦康平[1]教授。杉浦

1 杉浦康平，国际知名平面设计家，书籍设计家，神户艺术工科大学名誉教授、亚洲设计研究所所长。1932 年生于日本东京，1955 年东京艺术大学建筑科毕业，1964 ~ 1967 年任德国乌尔姆造型大学客座教授。1970 年起开始进行书籍装帧设计，创立以视觉传达为媒介，曼荼罗图像艺术为中心展开亚洲图像、知觉论和音乐论的研究。

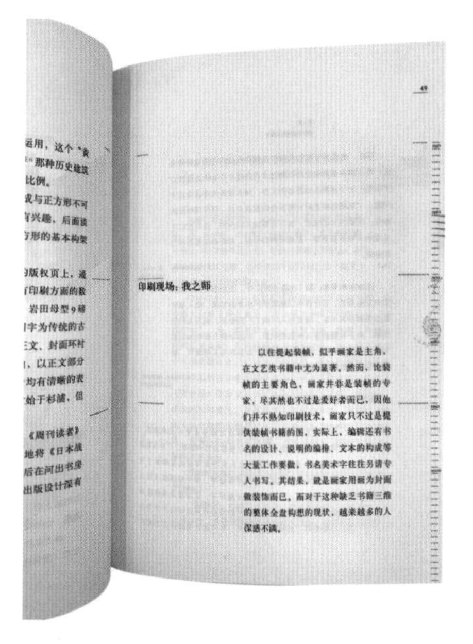

图1-46
《旋——杉浦康平的设计世界》敬人书籍设计、吕旻设计，生活 · 读书 · 新知三联书店 ,2013年出版

康平作为日本乃至亚洲较有影响力的设计师，他对汉字的字体研究充满兴趣，并将东方文化融入其设计的作品中，如吕敬人设计并翻译的《旋——杉浦康平的设计世界》（图1-46）。杉浦康平将设计行为看作为书籍注入生命，为书籍进行设计的过程是书籍生命从无到有的过程。杉浦康平较早地接触瑞士网格系统并将其运用至日本书籍的竖排格式中，杉浦康平有缜密和严谨的建筑专业背景，在书籍装帧设计的研究中提出了“艺术工学”的理念，

并形成“美学 × 工学 = 设计^2”的公式（表 1-1）。吕敬人在杉浦设计哲学思想的影响下，探索出适合中国现代书籍设计的思维模式和设计方法。在 2017 年版的《书艺问道》（图 1-47）中，他阐释并升华了书籍设计的概念，将其分为三个层面，即：“bookbinding（书籍装订或封面装帧）；typography（排版设计）；editorial design（编辑创意设计）。”[14]

从形态学到二重构造，都在强调书籍设计的立体观。对书籍的翻阅行为，使书籍这一静态物化对象有了运动的过程。书籍通过以视觉为主的感官系统向大脑传递信息，传递的功能并非是静态存在的，而是运动的、完整的、协调的。作品设计完整性和协调性的积累称为格式塔。库尔特·考夫卡对格式塔心理学原理的研究实验，大都涉及艺术问题。

工学 × 美学 = 设计^2　　表 1-1

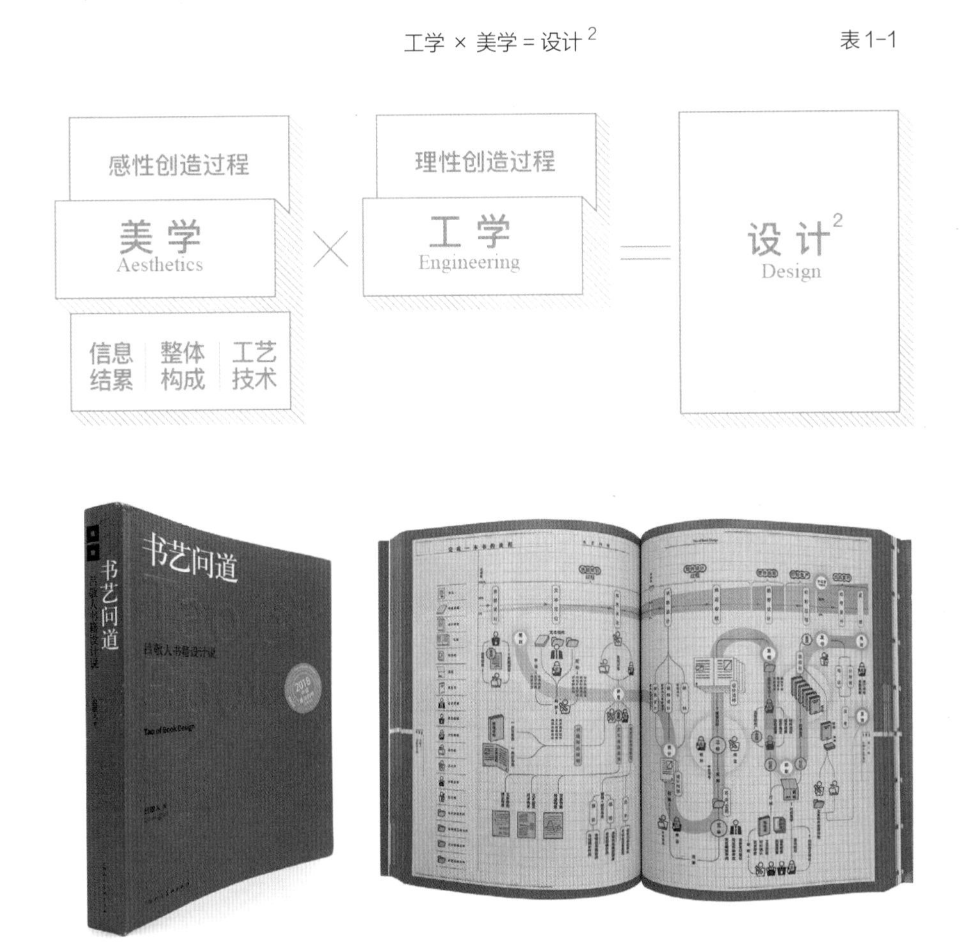

图 1-47
《书艺问道——吕敬人书籍设计说》，敬人书籍设计、吕雯、杜晓燕、黄晓飞、李顺设计，上海人民美术出版社，2017 年出版

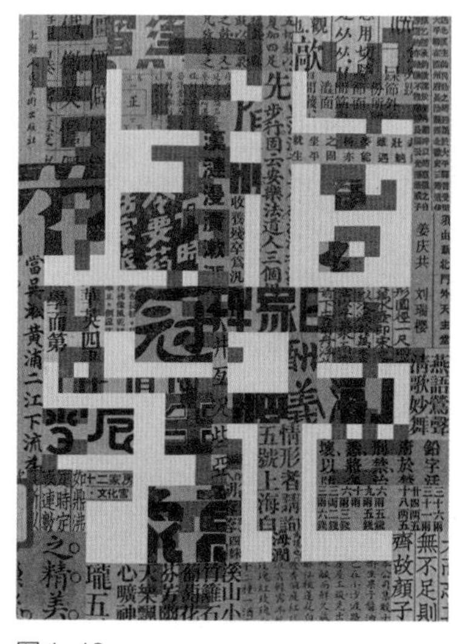

图 1-48
《上海字记》，姜庆共设计，上海人民美术出版社 ,2017 年出版（摄于上海图书馆）

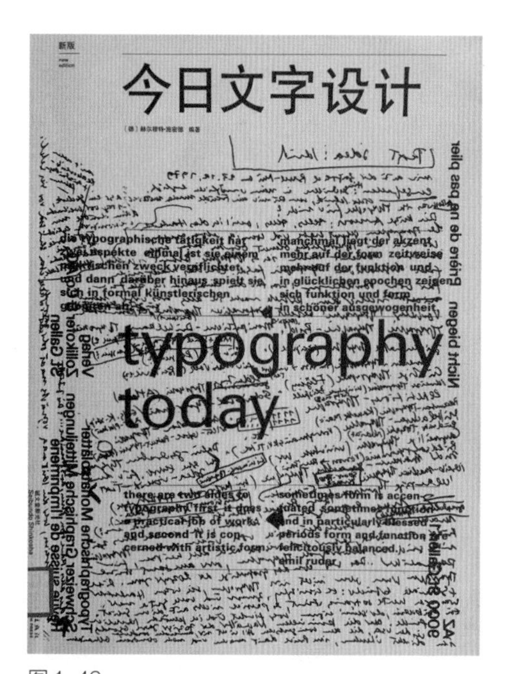

图 1-49
《今日文字设计》，赫尔穆特·施密德著，王子源设计，中国青年出版社，2007 年出版（摄于上海图书馆）

书籍设计的研究，除涉及形态学、构造学、心理学等学科之外，还需要编辑学、逻辑学、图像学、符号学、工艺学、美学等多个学科的共同支撑，共同构筑起“书籍设计”这一概念，完成内在理性与外在感性形象的构造。进入 21 世纪后，随着设计学科超越边界、跨学科综合发展，书籍设计的概念也丰满起来，逐渐呈现出多元化与立体化的发展态势。在数字化出版、人工智能改变人们生活方式的时代中，纸张不再是承载书籍的唯一的物质载体。不论电子书、电子纸还是以电子屏幕代替纸书的阅读，其阅读方式都是围绕及模仿纸书的阅读习惯而产生的，均以文字、图像为媒介传递文化信息。书籍作为具有文化属性的商品，始终需要在设计的过程中注入书卷气，体现其文化特征。书籍设计要求在注重艺术形式的基础上考虑科学理性的逻辑思维的整合，使书籍成为视觉、触觉、听觉等多种感受和谐统一的整体（图 1-48、图 1-49）。

第二章
解构现代书籍设计

- 书籍形态与结构
- 编辑设计
- 编排设计
- 装帧设计

第一节 书籍形态与结构

一、现代书籍形态演变

近一百年来，印刷自动化技术不断提高，书籍已经进入“册页”阶段，但仍在经历着形态上的演变。从书籍形态的各部分来分析，自线装至现代技术下的多种装订方式并存的时间段内，书籍装帧经历了封面、纸张、装订以及内页图文排列等多方面的演变。

封面形态的演变，从美术家将纯粹的艺术创作或图案画赋予封面空间内形成“封面画”，到具有装帧设计意识的专业设计师在封面进行书名、图案与其他文字信息的排列，直至今日，计算机辅助绘图技术解放了设计师的双手，也打破了设计师的边界，封面的设计主体不再局限于具有美术功底的人群，甚至儿童也可以绘制绘本的封面，封面的艺术形态体现出多样性，并且专业界限逐渐消失。图 2-1 为《装饰的法则》封面，在现代印制技术下，将装饰图案局部组合成封面图案，书名文字使用了烫金的工艺。

图 2-1
《装饰的法则》封面

纸张形态的演变，可追溯至近代印刷技术从西方引进之初，当时因依赖进口的纸张，书籍成本昂贵，所以内页需要尽可能多地承载文字信息；1937 年后，由于物资的短缺，人们用土纸、连史纸等来替代内页纸，翻阅感受与保存的耐久性在一定程度上降低；改革开放后，中国的制纸技

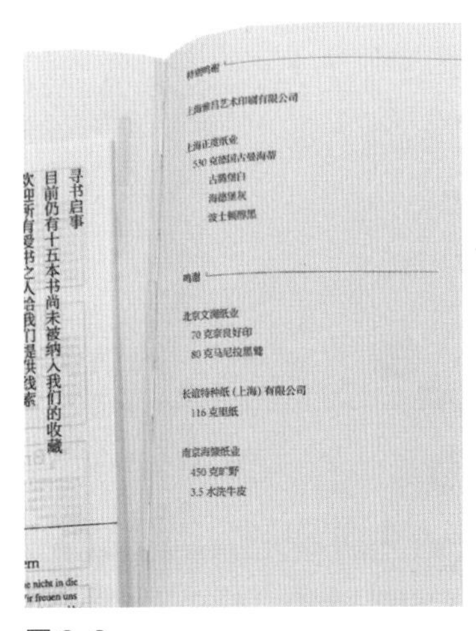

图 2-2
《莱比锡的选择》，书中将书籍用纸的详细信息进行了标注

图 2-3
书籍的装订过程

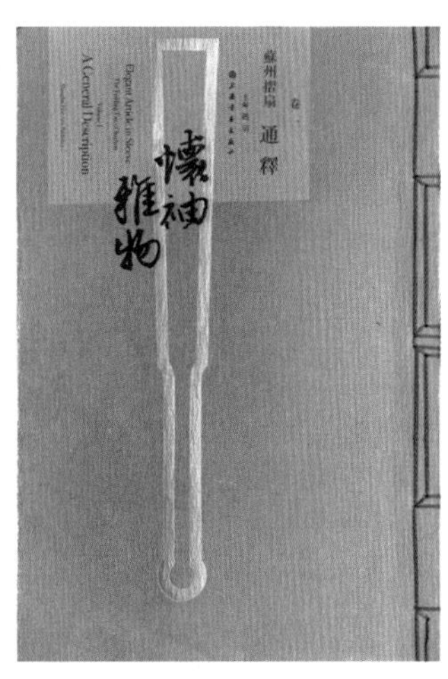

图 2-4
《怀袖雅物——苏州折扇》，现代技术下的线装书（摄于上海图书馆）

术大幅提高，纸张不再依赖进口，生产出多种印刷用纸；当今，科学技术大幅进步，适合印刷与各种制作工艺的纸张形态可谓应有尽有，除常用的胶版纸、轻型纸、铜版纸外，用于封面及函套的纸张、装帧布等耗材种类不胜枚举。图 2-2《莱比锡的选择》的材料工艺具有较高水准，正文页后详细地标注了书籍用纸。

装订技术从传统刻坊的手工线装形式，向西方印刷技术制作的“洋装书”即“平装书”演变，开始采用机械化的装订手段。时至今日，精装书技术已经不再绝对代表昂贵，而是比平装书成本稍高，要求工艺的多样化，制作大众能够消费得起的文化商品。因此，在书籍的装订方式上，出现使用现代技术制作的传统线装、形状奇异的开本、材料丰富的精装等多种方式并存的情况（图 2-3、图 2-4）。

内页版式排列，经历了从线装书语境下的繁体汉字竖排，从右向左阅读，到 20 世纪 50 至 60 年代后逐渐普及的简化字横排，从左向右阅读，不仅适应了西方书籍拉丁字母的横排方式与阅读顺序，也使汉字与西文的排列方式逐渐普及。在今天设计学科呈现多元综合发展的态势下，书籍封面、内页的编排及装订技术，也呈现出多样化的表达。如现代技术下的线装书，出于局部与整体相适应的考虑，内页更多选择竖排的方式（图 2-5、图 2-6）。

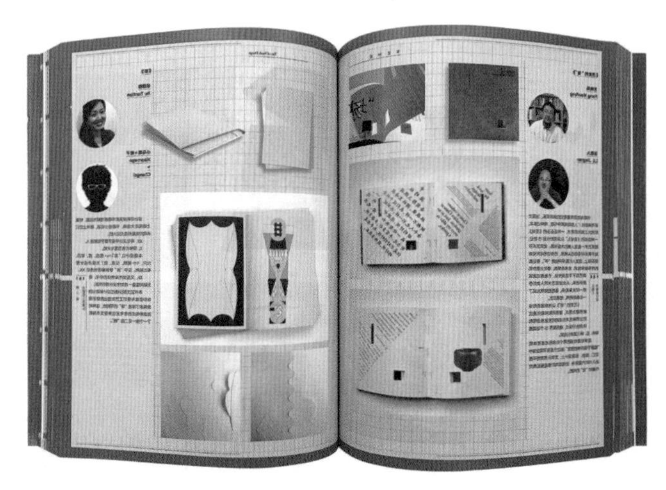

图 2-5
2017 年版《书艺问道》的内页版式

图 2-6
《怀袖雅物——苏州折扇》的内页编排，中文竖排与西文横排

当前设计语境下的中国书籍，不仅延续着现代书籍的形态，与西方技术和形式相适应并保持统一，而且仍然坚持追求传统的装帧语言，利用现代技术回归传统的案例不胜枚举。因此，中国书籍形态演变至今，并非是一元化的态势，而是传统与现代、机械化与手工化等多样并存共同发展的态势。

二、书籍的结构

了解现代印制技术下形成的书籍的主要结构，便能够有的放矢，根据其形态采取合理的设计行为。书籍的各部分结构并不是硬性规定的，而是要根据书籍主题的需要有所取舍。图 2-7 中列举的各部分名称较常规装订更为详尽，以供参考。

当前工业生产技术下印制的书籍，在结构上分为外部构造和内在构造。外部构造包括封面、书脊、勒口、包边、订口、上下切口和外切口、腰封等（图 2-8 ~图 2-13），除此之外，还有书籍的函套、护封、内封等保护书籍并增强美观效果的部分。函套一般使用硬质材料，起到保护、包装书籍的作用。封面即书的脸面，具有表达书籍主题、吸引消费者视线的作用。其中书脊是书籍装订成册时粘合固定的一侧，在现代书籍中，书脊显示书名、作者名、出版信息等，为读者取阅提供方便。勒口作为封面的延伸，能够承载封面不能涉及的文字及图像信息，同时能够包裹书籍封面，对书籍本身起到保护作用。包边一般使用包裹硬壳精装书的纸张，多为具有特殊肌理效果的特种纸或装帧布，包边上层再裱糊整张纸，连接封面与环衬，显得规整、美观。订口为书脊一侧的装订处，装订方式不同，订口也会显示出不同的形态。上下切口和外切口，是书籍制作过程中的后序步骤，一般用机器裁齐方便翻阅，也有创新的形式，例如切成异形、毛边等。腰封作为封面的辅助装饰，可以补充封面未尽的文字与图像信息，使封面更具层次性及说明性，从而吸引消费者购买。

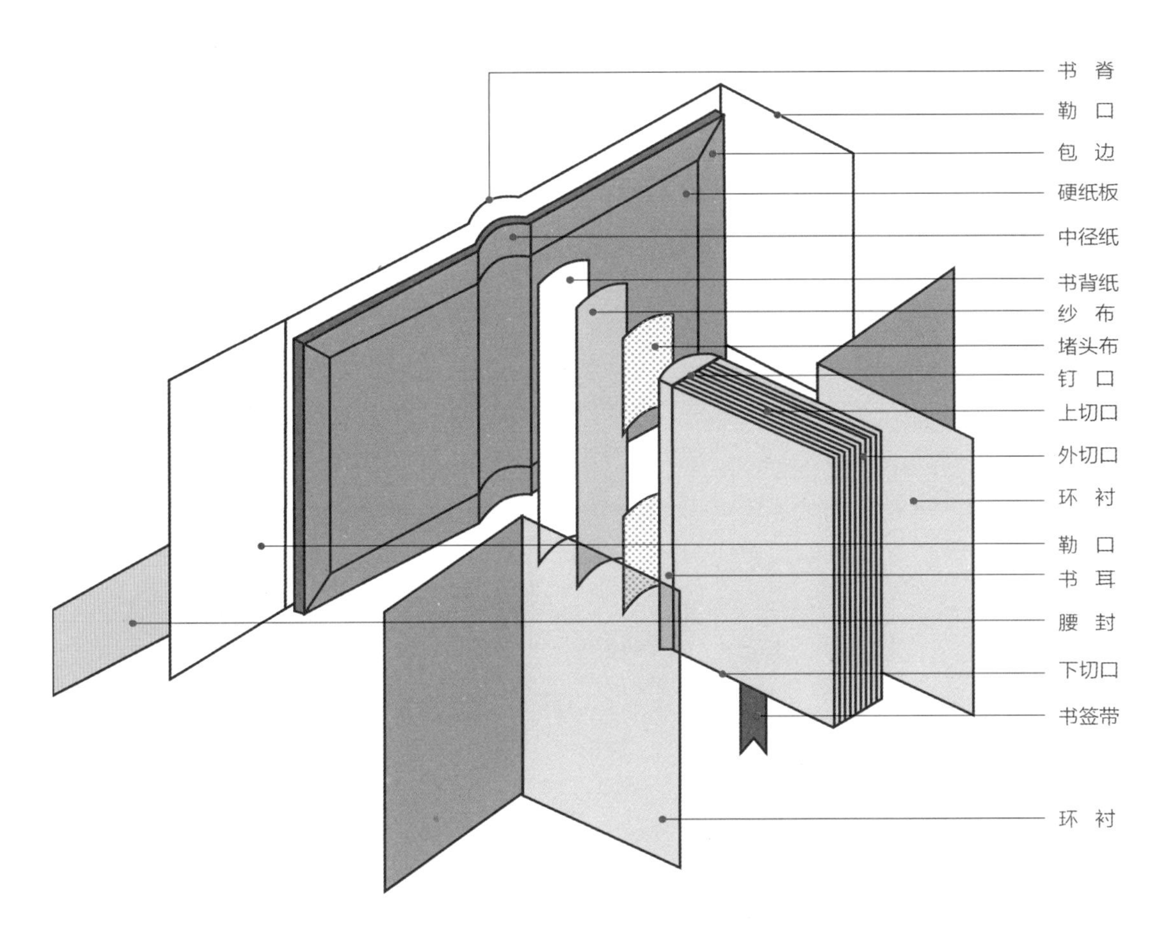

图 2-7 中国现代书籍结构图

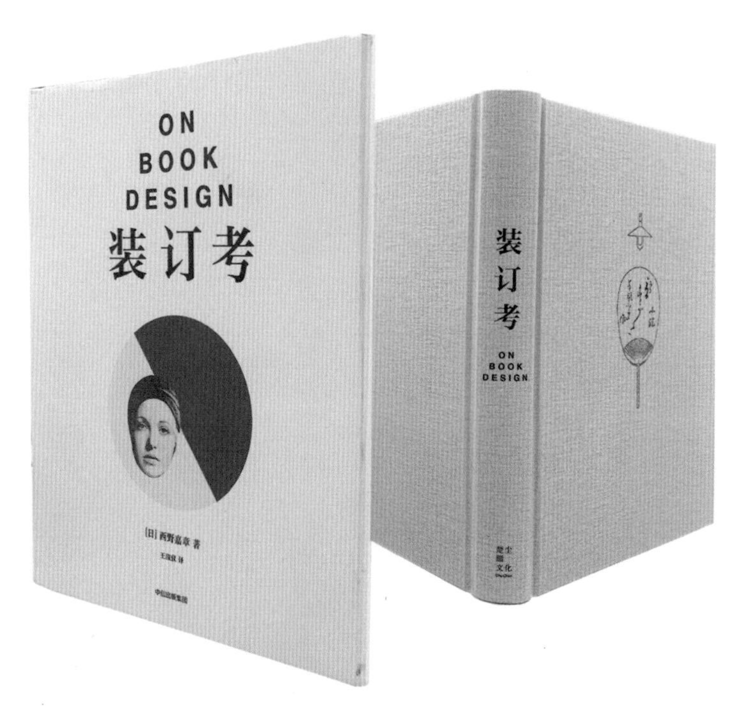

图 2-8 《装订考》护封及内封

图 2-9 《食物信息图》书脊

图 2-10 《装订考》书脊

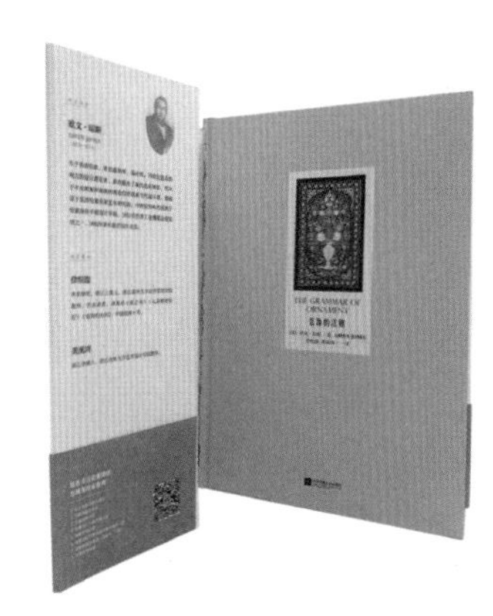

图 2-11
《装饰的法则》书籍外部结构。按从左至右，从上至下的顺序依次为封面、封面及腰封、前勒口及内封、后勒口、订口、内封

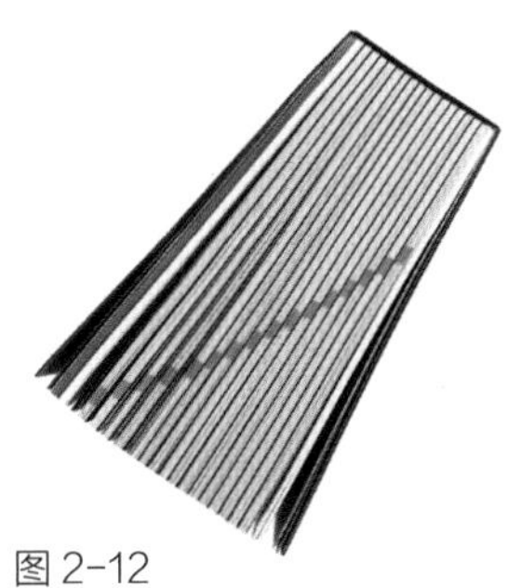

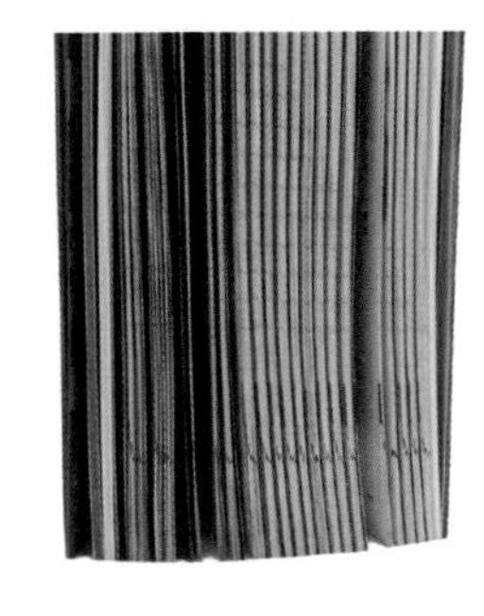

图 2-12
《莱比锡的选择》书籍上切口及外切口

图 2-13
《莱比锡的选择》函套及函套腰封

书籍的内在构造包括书籍的环衬、扉页、版权页、序言页、目录页、正文页、书签带等。环衬起到连接书籍封面与内页的作用，在书籍的阅读秩序中属于拉开帷幕的步骤，纸张一般与内页不同，为较厚或成本更高的特种纸。扉页包括书名、副标题、作者名、出版信息等，一般位于环衬之后，将封面信息精简，提取文字信息置于同样位置，或采用其他创新排版形式。由于出版管理机构对出版物的统一管理和要求，版权页页面显示统一的出版信息，

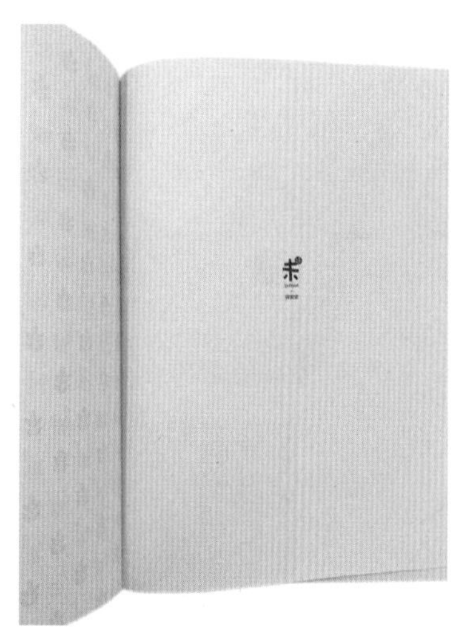

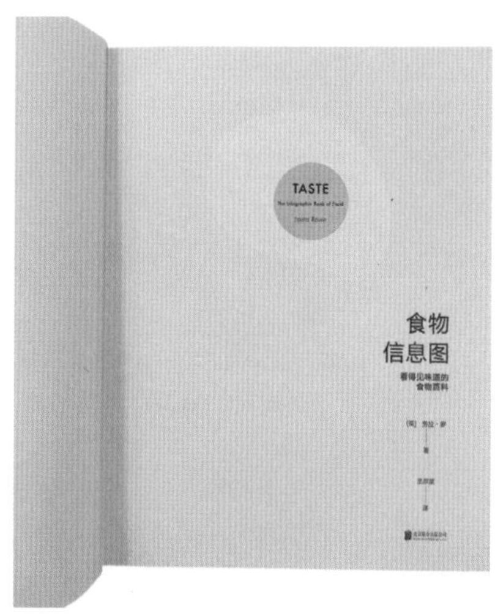

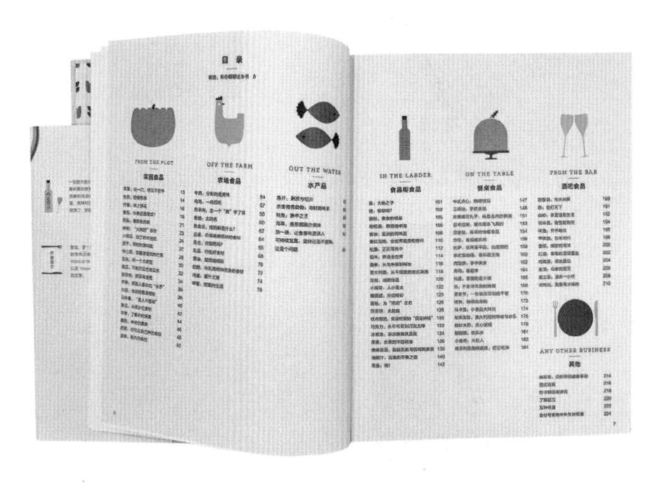

图 2-14
《食物信息图》书籍内部结构。按从左至右的顺序依次为环衬、扉页、勒口及外切口、目录页、正文页

方便读者、图书馆及出版发行部门识别书籍的详细信息。前言页在正式进入正文前，作者交代编写意图、过程等内容，一般不超过 2 页。序言页右下角空白处有时会有序言作者的手写签名。目录页在正文页前，展示书籍内容框架的文字信息，在字体、版式的设计上不同于正文。书签带一般为细窄的绸缎质感布带，一头裱糊在精装书的书脊处，一头夹在内页作为书签的标记。（图 2-14、图 2-15）

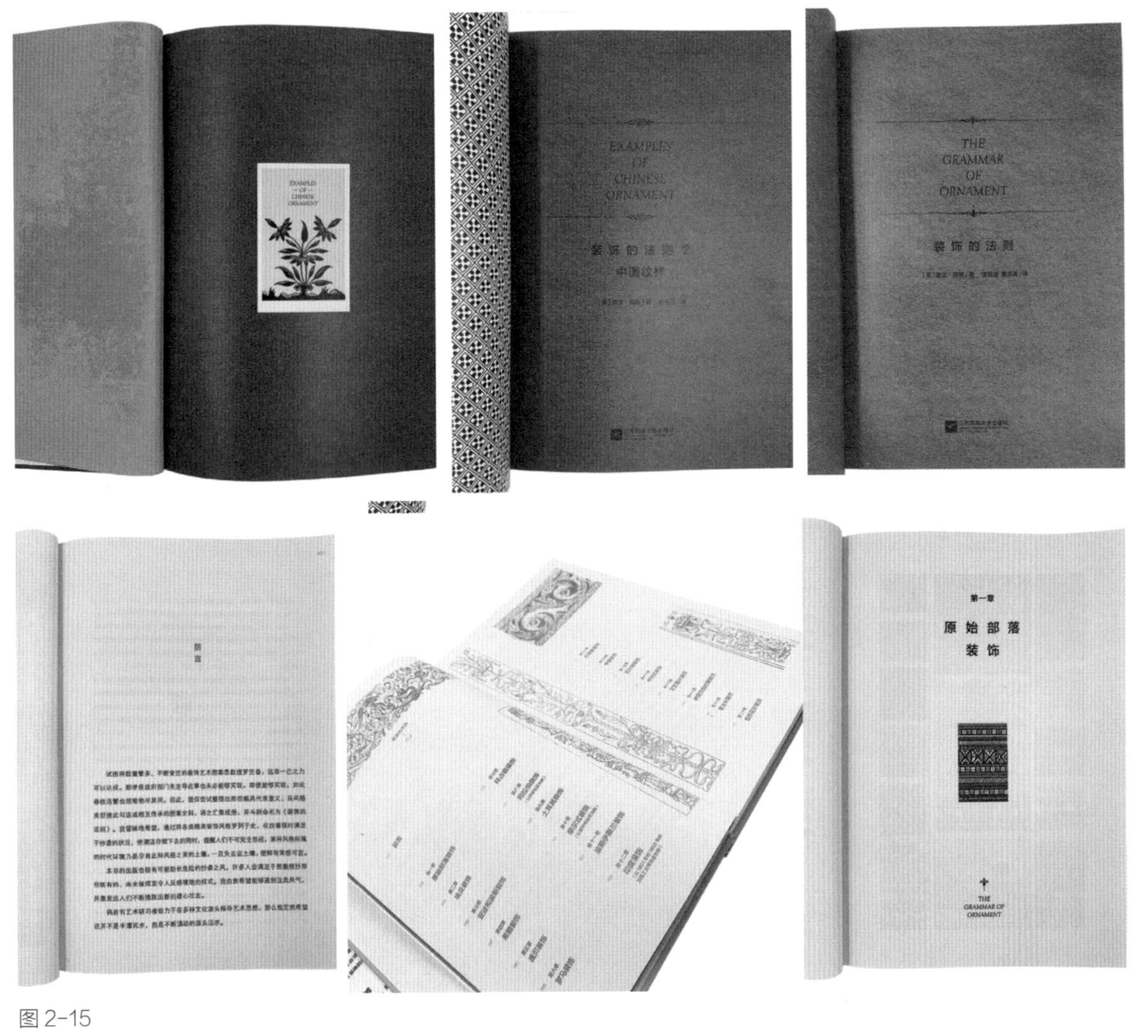

图 2-15
《装饰的法则》书籍内页各部分设计

第二节 编辑设计

一、编辑设计概述

《中国汉语词典》将“编辑”定义为：“在书籍、报刊的出版过程中，对稿件、资料进行整理、修改、加工等工作。也指新闻出版机构担任上述工作的人员。”可见，“编辑”包含对应的工作和职业，它既是动词，又是名词。对现代书籍而言，“编辑设计”是指动词层面，利用视觉传达的设计知识，将书籍内容进行时间与空间的整合。这项工作的执行者属于设计主体，即书籍设计人员。该工作是在书籍出版过程中设计师参与到前端的工作。

编辑设计有其自身的双面性：既是编辑领域，又是设计领域的工作范畴；既是时间顺序的梳理，又是空间元素的整合；既有逻辑思维的展现，又有设计者的审美把控。与编排设计不同，“编排”在上述《词典》中的含义为：“把许多项目依次排列。”更多指空间的排序，对版面、字体、色彩等要素的考量，是在编辑设计之后的工作。吕敬人将“编辑设计”定义为：“书籍设计师将读者的阅读过程引至书中所述结果而使用的方法。”因此，编辑设计是一种设计方法，是提升阅读体验并形成愉悦的阅读过程

编辑设计的内容 表 2-1

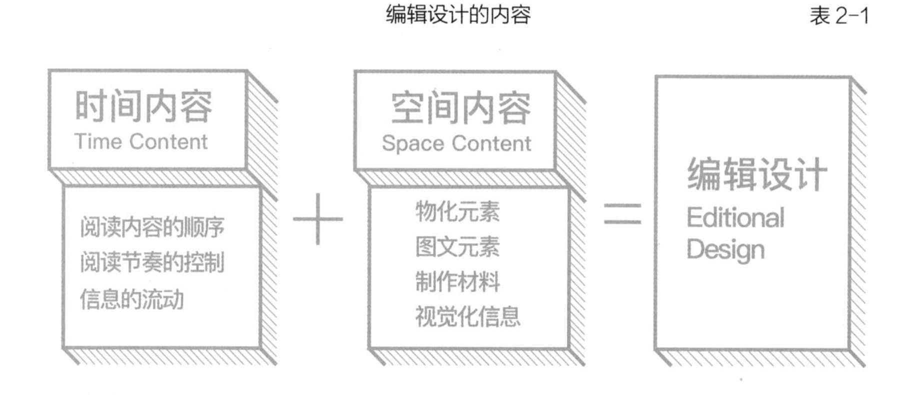

的方法，其中需要逻辑贯穿其中。

编辑设计工作，需要设计师结合不同书籍的主题、内容、受众、成本等因素，作出不同的方案。在这一过程中，作者、编辑与设计师在进行充分沟通的基础上，向设计师提供完整资料，设计师通过视觉艺术审美语言并结合视觉阅读，将书籍内容进行时空的整合，用设计手段解决文本表达未及之处，甚至可以超越文本本身的魅力。编辑设计需要整合时空内容，旨在实现书籍内容的线形叙事。时间内容包含阅读内容的顺序、阅读节奏的控制以及信息的流动；空间内容指书籍物化载体、图文元素的设计，包括呈现物化书籍的制作材料、书籍的形式美以及视觉化信息的编辑等（表 2-1）。因此，编辑设计工作对书籍设计风格在一定程度上起到决定作用。优秀的设计师能够通过与作者及编辑的有效沟通，将文本信息合理提升，达到理想的阅读效果（图 2-16）。

二、文本信息可视化

编辑设计是将已有的元素解构和重构，以适应读者的阅读秩序。书籍在阅读过程中具有时间性，因此，这需要运用逻辑思维将其整合与重构。编辑设计，其实是对书籍文本内容，即图文信息的整合，以形成良好的书籍阅读体验。

书籍本身是传达信息的物质载体，具有文化属性。尽管书籍设计属于视觉传达专业范畴，但不只限于二维或三维空间，还需要设计师考虑时空的演绎。进入书籍的内容中，使平实的文本信息得到艺术形式的提升，并对书籍信息进行分解、归纳、重组，形成完整的重构过程，以达成书籍线性叙事的完整性并形成书籍美学，让阅读者与被阅读内容之间产生愉悦、共通的关系。

将文本信息分解、归纳、重组，并不是单纯地将书籍内容拆开，而是在与作者及编辑充分沟通后，将艺术审美需求与阅读功能相结合在表达上进行有效排列与提升，从而形成内容清晰、逻辑合理、各部分内容都安排得当的视觉体系。因此，文本信息的可视化，是编辑设计的最终目的。图 2-17《装饰的法则》，在内容上提取图案元素并进行组合，有效地整理了图形信息。

三、书之“通感”

编辑设计需要将书籍的信息进行不限于平面空间的时空传递。设计形

图 2-16
《我在故宫鉴书画》对图文信息的编辑设计

式跟随观念的进步而更新发展，但是其文化原理则相对稳定。杉浦康平对亚洲的平面设计发展有卓越贡献，他提倡设计跨越边界，将音乐、时间等元素融入现代设计语言的表达中。在书籍的设计与编排中，他提出在版式上“留白”的编排方式与“噪音化”的设计思想，这与 20 世纪中国文学家在书籍设计与文学修辞方面的观点有惊人的相似之处，也与中国设计专业教育教学学科边界的淡化趋势相一致。自印刷技术现代化催生平装书以来，中国的一些仁人志士有过超前的设计意识。20 世纪 20 年代，铅活字技术的广泛使用导致书籍的开本、字体与字号千篇一律，书籍为了节省成本而使用尽量少的纸张，排列尽量多的信息，而空间的审美则被普遍淡化。1925 年，鲁迅在《华盖集》的《忽然想到（二）》中提议，“每本书的前后总有一两张有空白付页”[15]（即现代印制技术下的环衬页），“上下的天地头也很宽”[15]（即页眉和页脚），由此可见，书籍“留白”对人的视觉舒适及阅读舒适的重要性。鲁迅反对不留“富裕”“不留余地”的

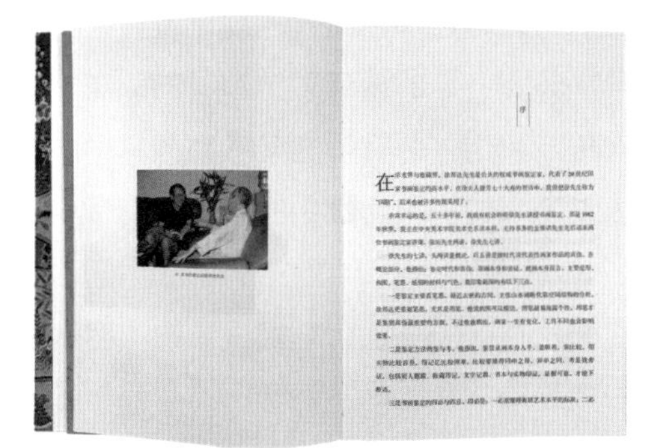

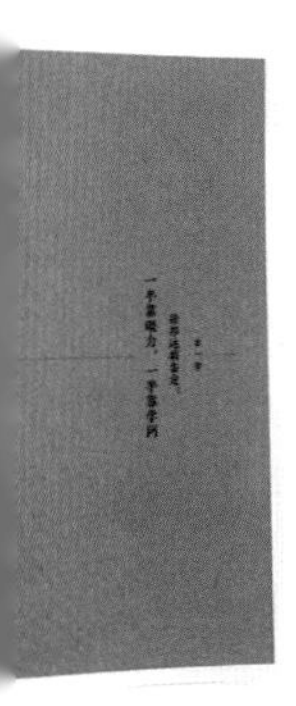

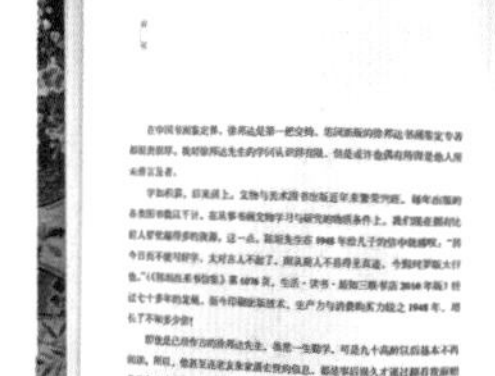

图 2-17
《装饰的法则》内页文本信息可视化编排

压迫与窘迫的解决方式，具有超越那一时代的现代设计视野，与今日杉浦康平提出的“一即多，多即一”的设计思想有异曲同工之妙。另外，杉浦康平在设计中融入东方风格，并将听觉元素融入其中，使设计立体化。他持有对自然的敬畏之心，将大自然中的一切声音视为“噪声”，并在文字的编排中，融入“噪声”元素，他将文字视为可视化的听觉符号，在设计中突破了视觉的感官限定。在现代书籍设计中，吕敬人等设计师将此理论上升为设计的“五感”及“书之五感”，在编辑设计时加入包括视觉、听觉、嗅觉、触觉和味觉等方面的考量，从这五感中慢慢发生出预想的设计成果，形成运动的、整体的、和谐的设计。钱钟书的文章《通感》中详细地阐释并举例说明了“通感”，在文学作品中“通感”作为一种修辞手段，为文字带来了更为活泼的表达方式与想象空间。“在日常经验里，视觉、听觉、触觉、味觉往往可以彼此打通或交通，眼、耳、舌、鼻、身各个官能的领域可以不分界限。颜色似乎会有温度，声音似乎会有形象，冷暖似乎会有重量，气味似乎会有体质。”[16] 钱钟书描绘的这种修辞手法，很早就出现在西方的诗文中，如荷马的诗：“象知了坐在森林中一棵树上，倾斜下百合花也似的声音”。因此，书之五感与通感，均强调不论通过设计还是文学方式，既要通过视觉表达语言，又要超出视觉范畴，传达其他器官的感受。因此，中国现代书籍设计的理念发展，究其原因，都是对美的探寻，人在阅读中对书籍美的感悟是相对稳定的。现代平装书发展的过程中，书籍的形式从千篇一律发展到千变万化，从只注重视觉的表达发展到对五感的全面考虑。

第三节 编排设计

一、古为今用——传统版式的现代运用

中国古代书籍的内页版式，有不同材质和不同样式。自形成汉字记载以来，中国书籍从简牍制度发展至册页制度，经历了材料、装订、文字等方面的演变，但在内页的排列上仍有自身的发展规律，即顺应古代书法的书写方式，自上而下，自右而左地排列。直至近代，使用印刷技术自动化成形的线装书，开始具有规则的版式样式：内页有固定的版心

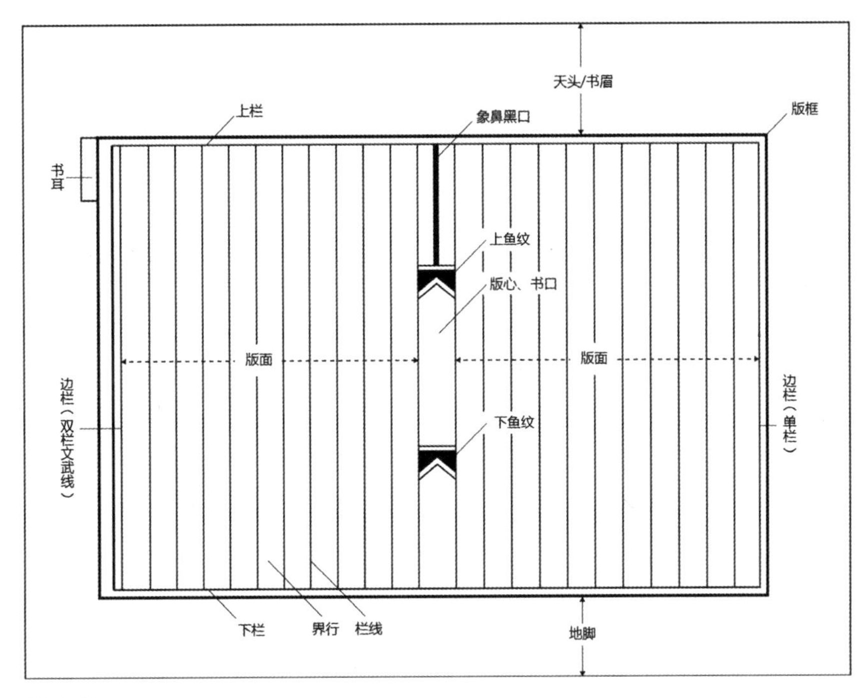

图 2-18
中国传统书籍内页版式

作为文本内容面积的界定；页面中间由鱼纹、象鼻黑口组成，用来折叠纸张，分隔两侧内容；天头与地角较为宽敞，版框的线粗位于上下栏及边栏。现代制作技术背景下采用传统的排版方式，虽在视觉上能够体现出较为鲜明的民族风格，但因无法适应现代汉字照排技术且无法与西文的排列形成统一而演变为横排。（图2-18）

使用现代工业化技术制作的书籍，追求古为今用，将传统版式运用于现代书籍，即使没有复杂的鱼纹及上下边栏等，也遵循汉字竖排以及从右至左的阅读方式，与现代适应于西文的横排方式有明显不同。如《曹雪芹的风筝艺术》（图2-19）《小红人的故事》（图2-20）等现代印制的书籍都采用传统的线装书内页排列形式，在现代设计语境下仍保留民族的传统韵味。

图2-20
《小红人的故事》内页版式采用传统竖排形式

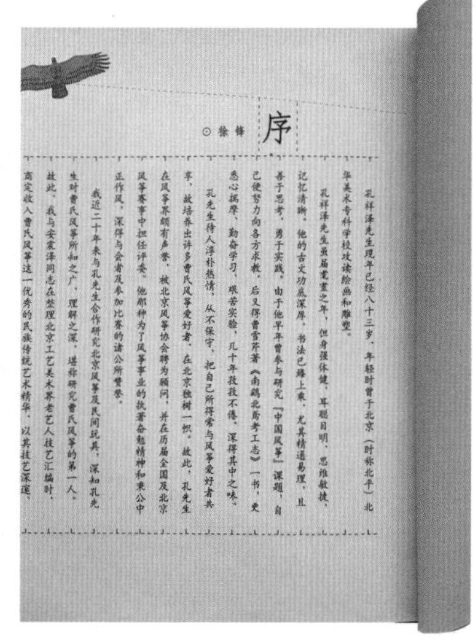

图2-19
《曹雪芹的风筝艺术》内页版式排列

二、规则均衡——版式中的网格设计

除了在第一章提到的西方构成主义设计风格的影响，瑞士的网格设计也为中国现代书籍设计中内页版心的编排提供了形式上的参考，由此，中国书籍的版式设计初具理性化的设计思考。余秉楠在其文章《世界书籍艺术的现状和发展趋势》中，对20世纪书籍设计风格流派作了四个阶段的总结，即“19世纪末，威廉·莫里斯倡导的书籍艺术革新运动；20世纪初，包豪斯学院结合工业化生产为科学书籍、专业书籍与画册方面的专业化设计所作的贡献；20世纪20年代产生的网格设计，至20世纪50年代流行于世界；20世纪80年代起，电脑辅助设计的普及，美国人戴维·卡森开始的自由版面设计。”[17] 后两者与版式有着极为重要的关系。中国进入现代社会以来，生产方式经历了从家庭手工作坊到工业机械化再到自动化的发展变革，书籍的装订形式从而发生了改变。印刷字体也受西方拉丁字形设计风格的影响而有所发展。技术的进步与设计风格的演变同时作用，促进了书籍形态的发展。在本书第一章中已提到，日本较早地受西方设计风格的影响，并结合本土文化，表达了强烈的民族风格。网格构成设计风格对20世纪80年代后的中国书籍装帧设计就已经产生影响，此前的书籍内页编排，大多停留在封面的面积切割，除了艺术类与摄影类等画册的物质表达与视觉审美的需要，内页的编排还因刚刚发展的激光照排技术而趋于千篇一律。中国进入21世纪后，个人计算机、互联网及计算机辅助设计技术逐渐普及，中国的设计师纷纷打开视野，看到世界范围内书籍设计的发展状况，并在美学形式上有了参考与借鉴的对象。瑞士网格系统在中国书籍设计中得以发展和应用，帮助设计实现秩序与逻辑上的思考与实践。

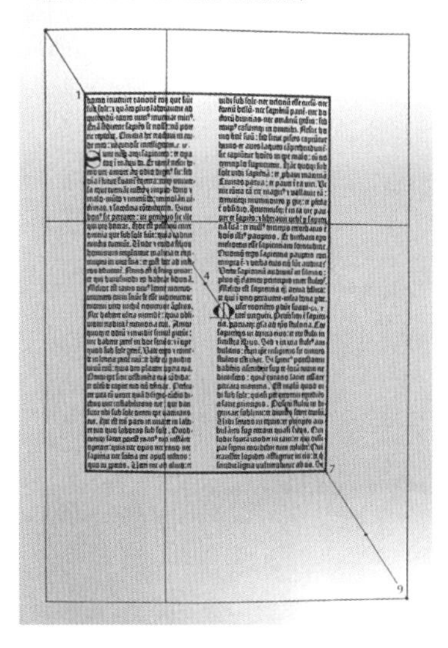

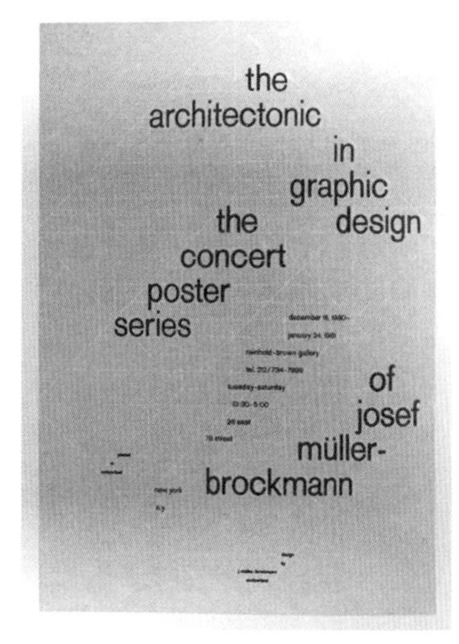

图 2-21
《平面设计中的网格系统》内页
（摄于苏州大学炳麟图书馆）

网格设计的原理（图 2-21），是通过数学的倍率计算与创意的运筹对版式中的对象进行合理的编排，在完成编排将网格删除后，留给人们视觉上的秩序感与规则感。设计过程经过了严谨的思考与合理的创造，有据可依。如山东美术出版社出版的《中国现代设计思想》（图2-22、图2-23），由陈蔚做版式设计，在内页的图文编排中，尽管没有网格出现，但依然能够感受到在版式的制作过程中使用了直线网格的对齐方式以及具有尺度规

4.产学研：中国设计师的摇篮

20世纪80年代，随着社会的需求和设计学院学生人数的增加，一种依托学院或以设计学院教师和学生为主体的设计事务所开始在南部城市中出现，这个迹象既是改革开放以来学院教育推动设计实践、中国现代设计面对市场和自主创新压力下的"自我调整"，同时也是"产、学、研"得以结合的基础。

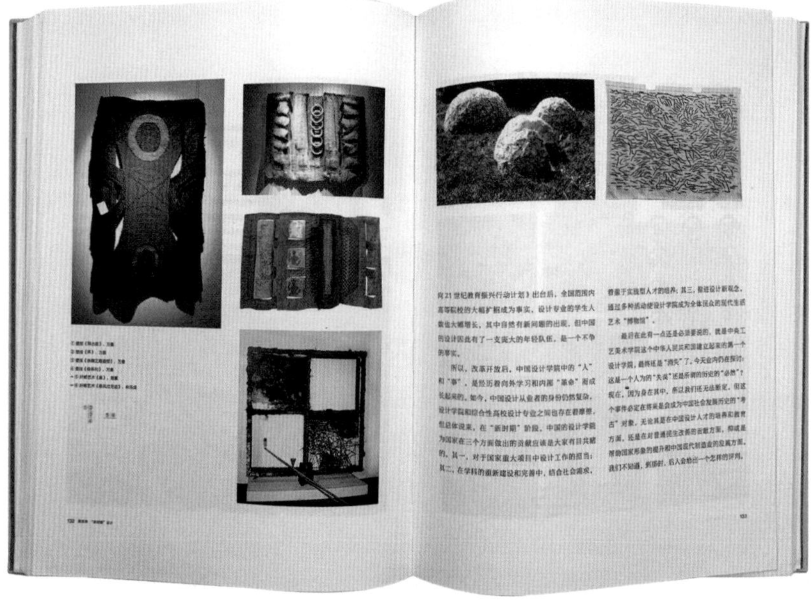

图 2-22
《中国现代设计思想——生活、启蒙、变迁》陈蔚设计，山东美术出版社，2018 年出版

图 2-23
《中国现代设计思想——生活、启蒙、变迁》网格设计

则的排列方式，使页面整齐有序。

2017 年版的《书艺问道》在设计风格上继续使用饱和的大红色封面以及版心外的主色调，封面使用英文凹凸压印的方式。新版内容翔实，内页版式多采用网格设计的方式，具有严谨的规则性。此外图表的视觉信息表达具

有明显特点，除了数据的明朗，还具有图形的易读性。不论作为书籍设计专业的师生，还是书籍设计的爱好者，或是其他设计工作相关的人群，书籍内容中更多的图形化表达，使书籍与读者之间的沟通更为顺利与高效。

在书籍的编排设计中，网格设计在一定程度上规范了内页图文信息的编排，具有视觉上的合理性，用理性的逻辑思维与数学的算法进行面积的分割与内容的整合，使版式呈现出规则的视觉特征，并体现出一定的均衡性，同时也为设计师提供了一种理性的设计方法，为设计带来一定的便利与现代感。网格设计系统不但在书籍内页版式的编排中得到应用，也被广泛使用在其他平面设计领域，为设计提供了一种可行且实用的方法。与此同时，由于网格设计过程严谨，使设计师在平面空间中的发挥受到一些束缚，在一定程度上限制了设计师空间划分的自由与设计风格的发挥。设计是多元化的，需要多种风格并存，从而形成百花争艳的繁荣场景。美国的自由版式设计，为中国书籍设计带来一定的启发。

三、洋为中用——自由版式设计

起始于 20 世纪 80 年代的美国解构主义的自由版式设计，为版式的编排带来了创新的思维方式，也为中国书籍版式设计带来了新的参考。解构主义运动，以美国人戴维 · 卡森（David Carson）为代表，他是这场设计运动中最有影响力、最具有创新精神、最有争议的美术设计者。

20 世纪 90 年代起，第三次技术革命逐渐改变了人们生活的各个方面，数字出版产生，人类的阅读方式也随之发生转变。计算机辅助设计的技术越发智能化，提高了版式编排的效率，数字化的制作过程不再局限于单纯对手工制图的要求，反而可以使设计师在短时间内创造出更具形式感的作品。互联网技术的普及提高了出版发行的效率，在数字出版时代，产生了与之相适应的自由版式设计风格，体现了后现代主义设计风格的革新。“革新（innovate）一词在拉丁语中的意思是更新、改革，而不是重新开始，虽然它在英语的用法中暗示着在特定环境中引入某些新东西。”[18] 因此，新事物的产生并不代表旧有的设计风格的消亡。它的出现与流行是因为自身具有时尚、新潮的设计内涵，引领着设计的进步（图 2-24、图 2-25）。自由版式设计一方面是对现代主义理性设计的颠覆和批判，它将元素打散重组，另一方面，它对旧有的元素并没有完全否定，而是进行一种形式上的创新。自由版式设计尽管自身有较高的艺术性，并能形成强烈的形式感，但是应用在书籍这种传达阅读信息的产品中，反而弱化了书籍本身的实用

图 2-24
自由版式插图设计，艾伦 · 庇隆
（Alain Pilon）

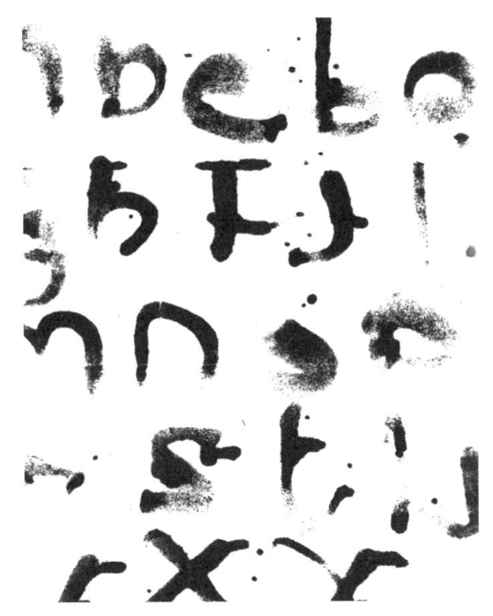

图 2-25
自由版式插图设计，布莱德 · 霍兰
（Alain Pilon）

功能。因此，在数字出版时代，中国的书籍设计，可将现代主义网格设计的理性和秩序化与后现代主义自由版式设计的前卫和形式化相结合，形成优势互补，既保留书籍的易读性，又具有符合自身主题的前卫的艺术风格，发挥自由版式设计风格的优势。例如朱赢椿教授设计并编著的《蚁呓》（图 2-26），其创作来源于作者对动物的日常观察。通过对蚂蚁爬行轨迹的记录，绘制每

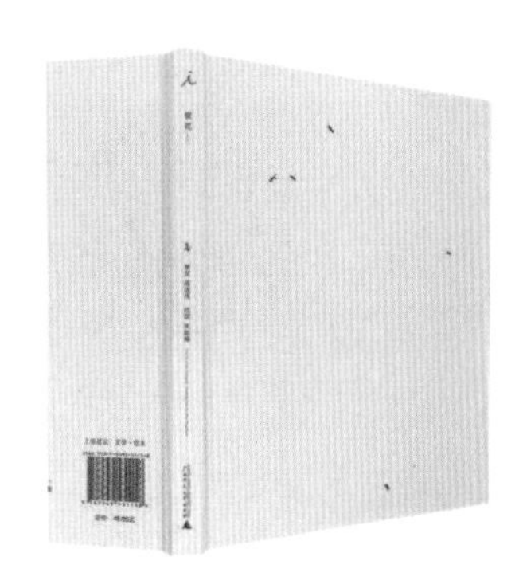

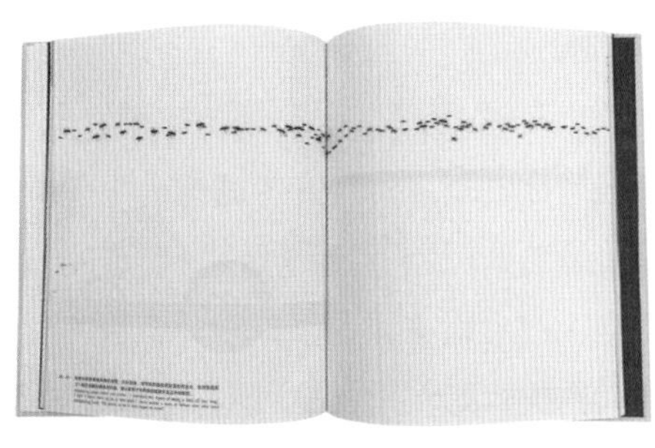

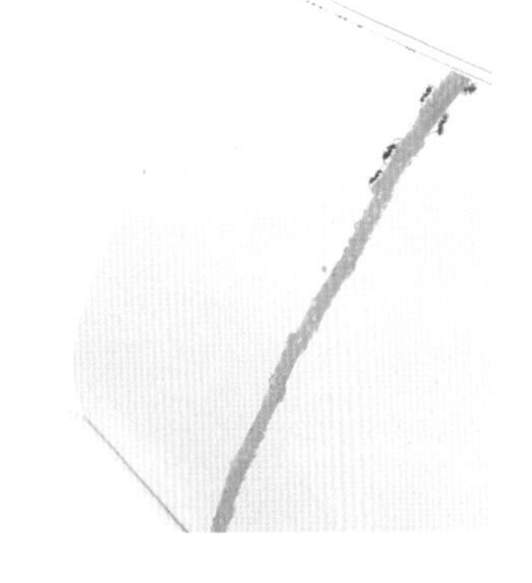

图 2-26
《蚁呓》，朱赢椿著，朱赢椿设计

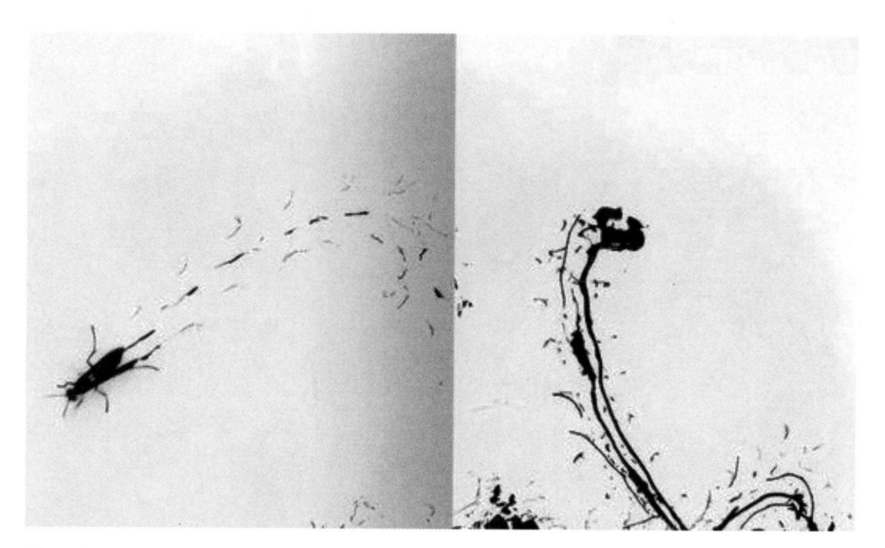

图 2-27
《虫子书》，朱赢椿著，朱赢椿设计

页的图形排列，从而形成没有边界束缚的相对自由的版式设计形式。通过每一页的记录，画面尽管显得松散，但能够生成排列上的变化与突破，使阅读过程轻松而愉悦。同一作者的另一本著作《虫子书》内页（图 2-27），是较为典型的自由版式，与《蚁呓》内页版式的表现方式有异曲同工之处。

四、信息视觉化设计

与编辑设计为实现书籍线性叙事的信息可视化不同，信息视觉化设计已经成为近年来视觉传达设计学科中比较重要的内容，也是书籍版式设计比较重要的部分。

信息设计的最初形态可追溯至史前，人类或通过结绳记事记录生活点滴，或通过在岩壁上、洞穴中凿刻动物形象的方式来记录生活情景或狩猎信息，正是这些原始社会记录图形信息的方式，开始了对信息形态的探索。进入文明社会以来，尚没有设计意识的信息图表为人们提供了更便利易懂的阅读方式。如 19 世纪中期，英国医生约翰 · 斯诺（John Snow）通过大量理性的数据分析，得出水泵取水是发生霍乱主要的缘故，并通过直观的霍乱分布图使民众信服。精通数学的英国护士弗洛伦斯 · 南丁格尔

（Florence Nightingale），是最早用饼状图来做数据分析的作者，她对军队的死亡原因进行分类，用不同颜色代表不同导致死亡的疾病，从而使医疗系统有针对性地改善卫生条件。至此，信息设计的概念虽未被正式提出，但已经应用在地理、文字、医学、教育等领域，对书籍的版式设计而言，将文本信息与图形结合，既能提高书籍版式的审美价值，又能有效总结并传达文本信息的意图。

书籍的信息视觉化设计中，除了文本信息设计外，图像信息设计也是不可或缺的一部分。在书籍中，与符号化的文字不同，图像本身传达的信息不分地域与国界，消解了对于文字理解的文化背景上的差异，成为书籍中不可或缺的要素之一。20 世纪初，以图形、图表和文字进行设计并用于儿童教育方面的国际印刷图形教育系统（International System of Typographic Picture Education，ISOTYPE）的实践为信息设计与网格设计系统带来了深远的影响。ISOTYPE 将图形信息与数据信息汇合，赋予两者色彩的语言，将原本生硬的表格用图像解说（diagram design）的方式表达出来，便有了不同的意义。图解与信息图表不同，图解包括图形、表格、统计图，是信息图表的原型。[19] 视觉化信息图表（information visualization），也是信息可视化，都是信息设计术语应用的扩大化，即用图解的方式给信息图表赋予图形、文字、色彩信息，使图表形成视觉化的表达。视觉化信息图表不仅运用于书籍文本内容当中，如伦敦地下铁系统图（图 2-28），20 世纪 30 年代，英国的工程师亨利·贝克（Henrry Beck）利用直线 45 度角曲折与倾斜的风格，打破了描述真实空间的局限，绘制出了更清晰易读的地铁图。这种以颜色划分线路的规则线条视觉化信息图表，在现今的地铁路线图中，被各个国家效仿。在书籍设计中，设计师将文本信息或数据进行整理和归纳，形成比单纯的表格更易懂的图表信息，并深化阅读内容。如波兰人亚历山德拉·米热林斯卡（Aleksandra Mizielińska）等人创作的儿童科普读物《地下 / 水下》（图 2-29），将复杂的科学信息进行秩序化地分类与整理后，用简单的形象与着色进行阐释，使低龄思维也可通过阅读与想象而理解。格式塔心理学家鲁道夫·阿恩海姆（Rudolf Arnheim）提出一种假说，即："生成的简化形象远远脱离了多样性的自然时，这种形象便获得了自由，因而也就产生出规则、对称的几何式样。"[20] 这种"脱离自然"的几何式样更容易得到人们的关注。据调查，读者阅读兴趣中，文字的受欢迎程度仅有 23%，而美术设计的受欢迎程度则达到了 80%。[21] 因此，人们的视觉

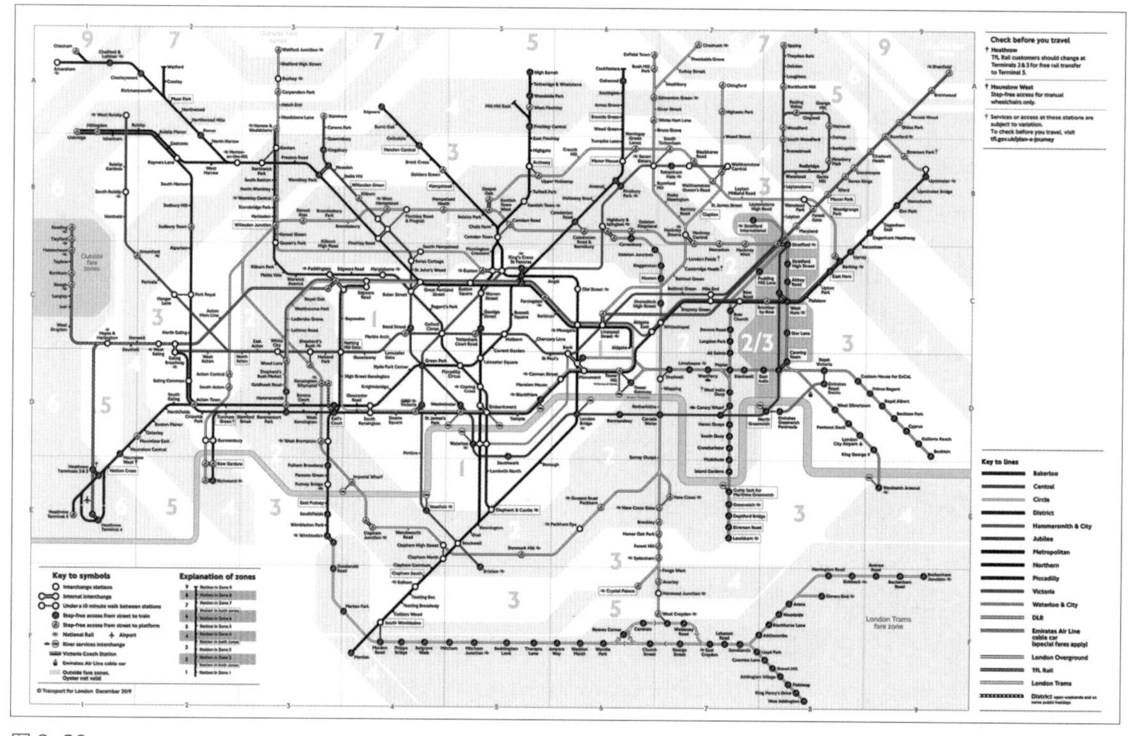

图 2-28
伦敦地铁运行明细图（图片来源于英国 Transport for London 网站）

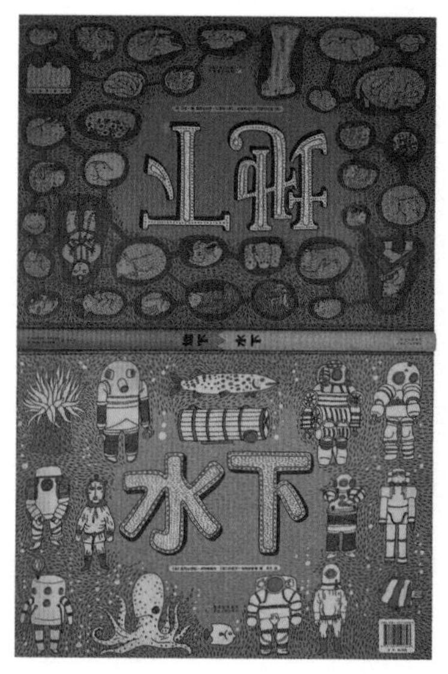

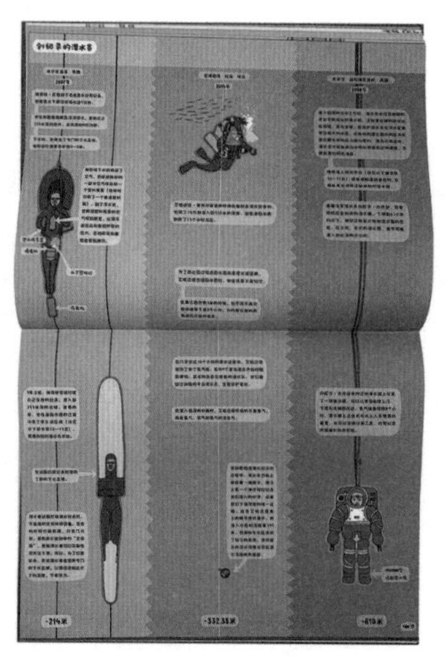

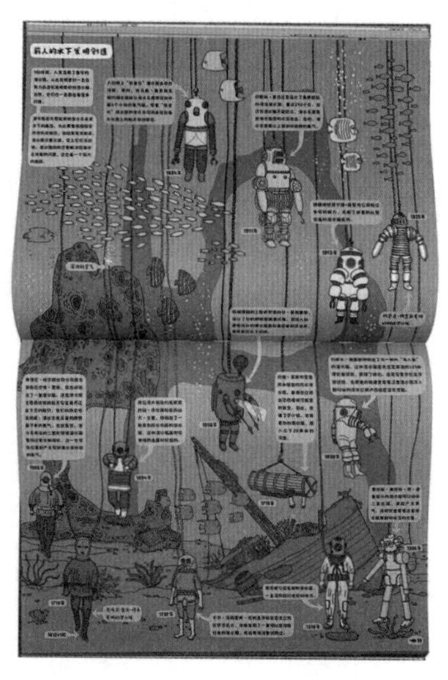

图 2-29
《地下水下》贵州人民出版社，亚历山德拉 · 米热林斯卡（Aleksandra Mizielińska），丹尼尔 · 米热林斯基（Daniel Mizieliński）著，乌兰，译，2015 年出版

更容易被图形吸引，信息图表的视觉化，有利于率先吸引读者的视线并进行阅读分析。视觉化信息图表设计的概念，在 20 世纪末的欧洲发生，21 世纪初引起中国设计界的重视并在高校相继开设视觉信息设计专业。杉浦康平在西德乌尔姆造型大学执教时，了解到与包豪斯造型学校相同的设计理念，较早地接触到视觉图表设计，并将东方血液融入西方的设计思想，从图表图形中透视出另一种看似不相关的物体，与其形成内在的联系，不仅将科学的理性融入图表中，而且能结合有趣的创意，形成风格独特的作品。如 20 世纪 70 年代末的作品《被压扁的胶质网球》（图 2-30），使读者读懂地球的真实形状——实际上并非地球仪那般光滑，而是像一枚捏扁的胶质网球，给出了对相位几何学[1]的图形化、视觉化的合理解释。

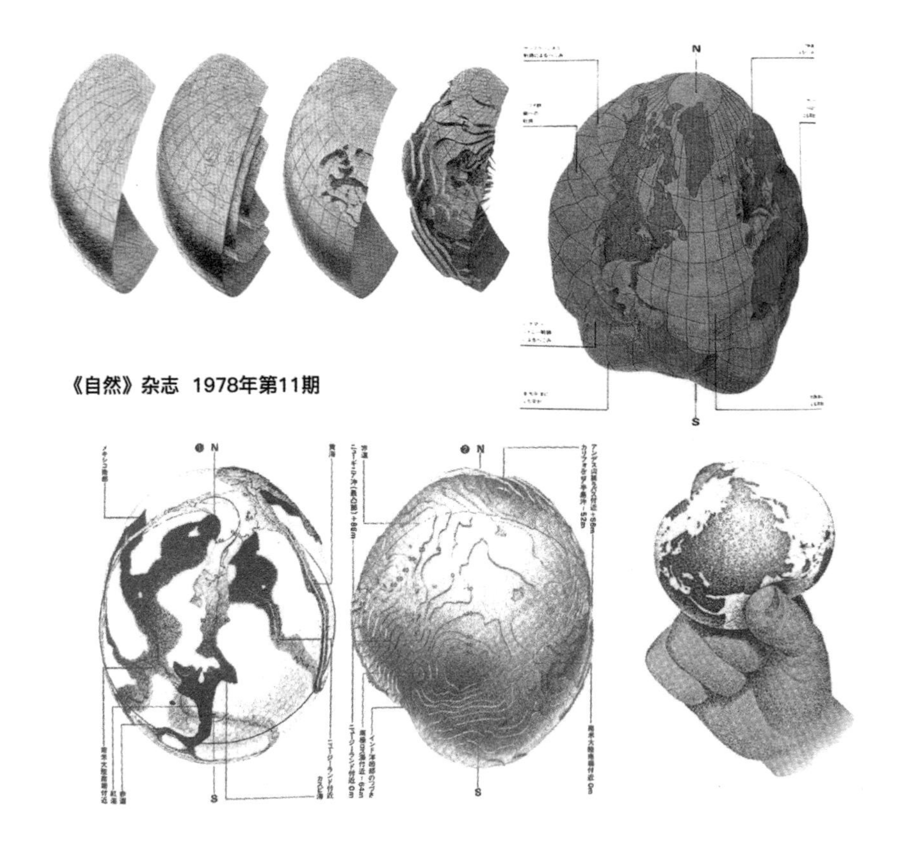

图 2-30
上：渡边富士雄为 1978 年第 11 期《自然》杂志制作的《地球基本形状立体图》；
下：杉浦康平根据左图制作的《被压扁的胶质网球》，发表于平凡社《百科年鉴》，1979 年出版（图片来自《旋——杉浦康平的设计世界》，三联书店）

1　相位几何学：研究形状不断发生变化而其图形性质保持不变的几何学。

信息图表经过视觉化的设计，不仅能够清楚而生动地以图形代替部分文字表达数据信息，而且通过视觉的传达，甚至可以减少大量的文字阐述，以更直观的表现方式传递信息，能吸引读者的注意力，刺激阅读欲望。

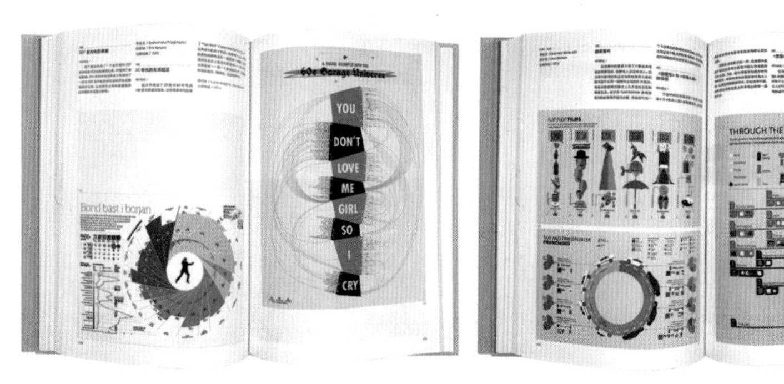

图 2-31
《数据新闻设计》内页信息视觉化设计

杉浦康平的学生吕敬人，致力于中国书籍设计的理论与实践工作，在其2018 年版的著作《书艺问道》中，受其设计理念传承的影响，更加注重图表的视觉化设计，不仅是图表，更多意义上是图形信息的视觉化传达。在“完成一本书的流程图”中，使用不同的颜色进行视觉秩序的传达，用图表式的符号化信息使人得到更直观的阅读体验。数字技术带来了改变，人们的生活节奏加快，获取信息的途径更广、更多，人的眼睛本能地对图形比文本有更快的捕捉速度与接受力，视觉化图表信息可将文本内容浓缩，并且更直观、生动地将文本信息以图形的方式体现在平面上，为读者带来愉悦的阅读体验。但值得注意的是，中国现代书籍设计中的视觉化图表信息设计刚刚起步，与欧美国家相比还有较大差距，原创较少。从另一个角度看，中国的科技类书籍作者和设计师，已经注意到视觉化图表在书籍编排设计中的重要性，图表信息的审美作用得到重视，视觉化图表设计在 21 世纪成为中国书籍设计的重要课题。图 2-31《数据新闻设计》，将新闻进行数据化的整合并以图形方式生动呈现。设计不再只是停留在视觉的审美表达层面，而是结合理性的信息分析、逻辑思维、语言组织等多方面，提升到功能、使用价值的层面。

因此，在新媒介、新阅读方式出现的信息时代中，书籍的信息视觉化设计包含文本与图像两大方面。文本信息设计包含字体设计与版式设计。字体设计分为外部字体的设计（即封面字体的设计及编排）与内部字体的编排设计。图像信息设计，主要为视觉化图表信息设计，它成为信息时代的书籍设计尤其是编辑设计与内页编排的新课题（表 2-2）。

书籍的信息视觉化设计构成图表

表 2-2

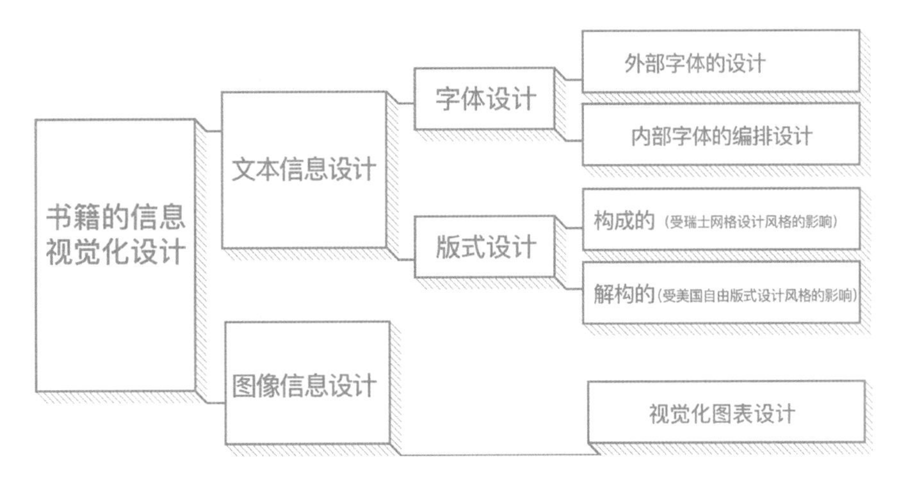

第四节 装帧设计

一、封面设计

书籍的封面设计是装帧设计中较为重要的环节。传统书籍的封面，被称为“书衣”，函套也归属于书衣的范畴内。蝴蝶装、线装书本以纸质书衣为主，间或用绢；卷轴装腹背用锦；经折装、册页装则多用织锦面板或高级木板，而函套之属，一般用布或锦。若重装旧本，尤其讲究材料的匹配，以旧料为尚。中国古代的书衣，有题签、书跋、作画、钤印等要素，颇为讲究。现代书籍的封面，其功能仍然是保护书籍，并传达书籍的主题信息。在印刷逐渐工业化、手段多样化的背景下，封面不仅以文字信息为主导，还添加了图像艺术元素。

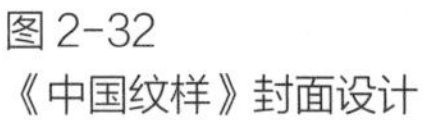
图 2-32
《中国纹样》封面设计

图 2-33
《数据新闻设计》封面设计

图 2-34
《话说民国》护封及内封设计

现代中国的书籍封面，与西方书籍封面相似，在工业化的纸张与开型内，承载文字与图像信息，并使用不同的纸张表现不同的五感传递。现代平装书制度实施以来，书籍的封面仍然以美术家的美术作品或图案化的直接表达为主。封面对于装帧的重要性在前文中已经提及。因铅活字技术的发展，制度上线装书向平装书演变，同时书籍的外在形式也受日本书籍、杂志等刊物封面画的影响，封面趋向于美术化的表达。20 世纪 60 年代以来，书籍的封面艺术形式逐渐趋同。20 世纪 80 年代后，书籍在封面设计上，结合新技术、新材料而形成多种形态的表达。

书籍的封面，因阅读而形成动态过程中的“第一帧”，函套与腰封也属这一范畴。因此，设计师不仅要掌握印刷常识与材料特点，还要将此赋予封面的设计，在第一时间传达给读者书籍的主题图像信息、书名、作者、出版社信息等，同时，要充分考虑腰封与封面在空间上的结合，体现出书籍主题的精、气、神。（图 2-32 ~图 2-34）

二、扉页与插图设计

张慈中先生界定了“书籍装帧艺术”的含义：“有了装帧设计的方案和图纸，还不算是装帧艺术，只有当方案上、图纸上的设想通过印装工人的生产实践活动，成为装帧具象——书籍实体的时候，这才谈得上‘书籍装帧艺术’。”[22] 因此，21 世纪后的书籍环衬、扉页、插图等，仍然属于美术家或书籍装帧工作者需要进行设计思考的部分。

扉页同环衬功能近似但又不同，是封面形态的延续，是封面元素的二次表达。在扉页的设计中，一般将封面内容简化，更简洁更直观地显示书籍的文字信息。同时，在动态的翻阅过程中，扉页起到丰富书籍设计层次和调整阅读节奏的作用，纸张的选择起到重要的作用。纸张本身就是承载书籍信息的主要物质载体，在制纸技术的快速进步下，纸张成为设计师进行设计的工具。扉页的用纸一般与正文页在色彩、肌理、厚度，甚至在尺寸方面有区别。

在“装帧”一词引入中国后，插图也被归属于装帧范畴。设计师除了绘制封面画与封面美术字，还将深厚的美术功底赋予书籍的插图中，使之与文本内容相得益彰，并使文本内容有了图像上的升华。（图 2-35、图 2-36）

图 2-35
《小红人的故事》环衬及扉页设计，突破了常规封面文字版式的形式，用中英文均竖排而且字号大到充满页面的方式排列

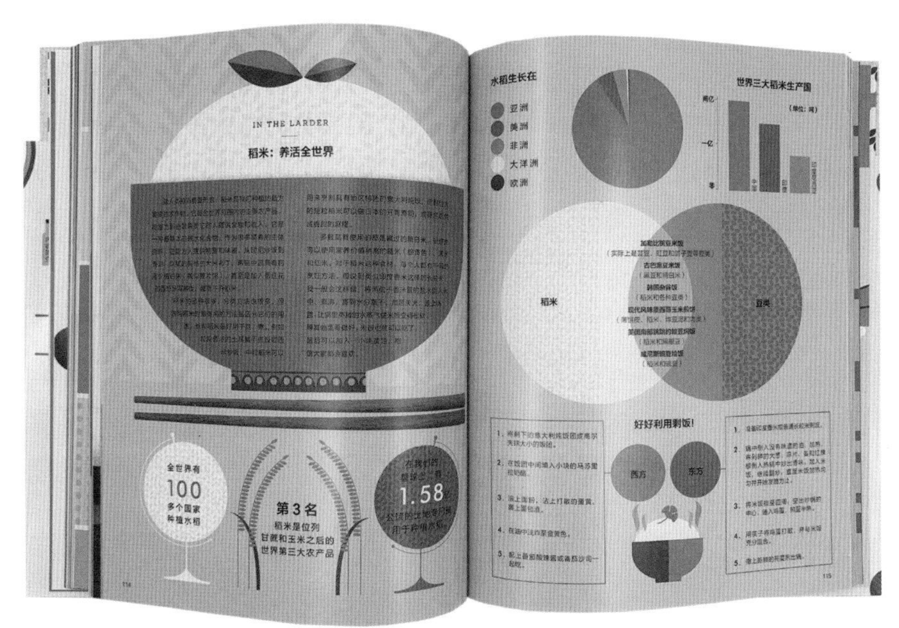

图 2-36
《食物信息图》内页插图设计

三、书籍的装订

中国书籍装订艺术历史悠久，形式多样。传统书籍制作技艺中流传下来的众多装订方式，仍在现代书籍制作中有所使用，如包背装、经折装、旋风装、线装等。20 世纪初，西方先进的书籍制作技术传入中国，尤其是平装书制作技术的引入，使我国书籍装订形式发生了新的变革。从书籍装订方式的演变历程来看，中国书籍制作技术是对多张纸张的处理，不论以何种方式将纸张装订成册，都要使单张纸获得独有的页码，将其纳入书本体系的秩序之中，从而形成阅读的逻辑顺序。只有通过装订的手段，平面的纸才能进入三维空间，成为具有消费功能和文化属性的商品——书籍。

现代书籍的制作工艺愈发多样，如日本研发出烫电化铝、起凸、植绒、过 UV、覆膜等众多工艺。尽管现代书籍制作技术繁杂多样，然而书籍的装订需要设计师遵循“适度”原则，平衡实用与审美的关系，以和谐为美。孙以添《藏书纪要》中有言：“装订书籍，不在华美饰观，而要护帙有道，款式古雅，厚薄得宜，方为第一。”其中“有道”“得宜”等观念，表现了古人对和谐适宜的审美追求以及对书籍功能性的注重。

在对书籍不同部分的设计与局部的整合中，设计师需要具有整体的设计观，充分考量局部与整体的关系、技术与艺术的关系以及物质载体与人文精神的关系。同时，书籍是以六面体为基本造型的产品，因此，设计师不仅需要掌握平面设计的丰富知识，还要具备把握立体空间的能力，才能创造出使受众顺利阅读甚至是“悦读”的优秀产品。（图 2-37、图 2-38）

图 2-38
《我在故宫修文物》的开背装订

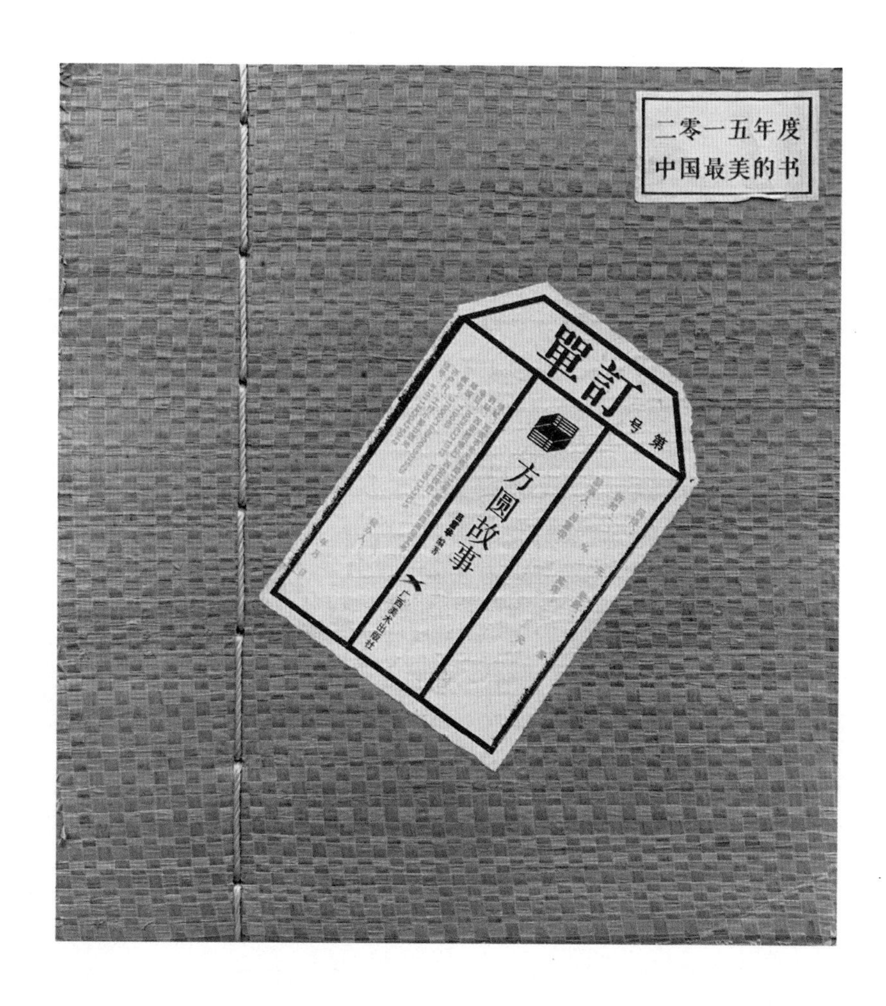

图 2-37
《订单》——现代技术下的线装形式

第三章 技术之美承载物化书籍

- ○ 印刷工业化背景下的纸张
- ○ 书籍的印前工艺
- ○ 印刷类型与印后工艺
- ○ 现代装订方式

第一节　印刷工业化背景下的纸张

一、印刷用纸的计量

在工业印刷上，现代书籍印刷用纸有平张纸与卷筒纸之分。平张纸以“令”为单位来计算数量，一般情况下 500 张纸为一令；卷筒纸的计量通常以吨为单位，用纸的重量来表达纸张的数量。

单张纸的计量分为纸张克重与尺寸。纸张基重又称纸张克数，是单张纸每平方米的克重数；纸张克重和纸张厚度成正比，也就是说，纸张克重数量越大，纸张就越厚，一般情况下书籍设计纸张常用克重数有 90g、110g、128g、157g、200g、250g、300g。

书籍设计使用的纸张尺寸与我们日常接触到的 A4、A3 纸张尺寸不同，印刷用纸按照纸张制造厂商与书籍印刷设备限制的不同标准，主要分为正度尺寸 787mm × 1092mm、大度尺寸 850mm × 1168mm 以及常用尺寸 880mm × 1230mm 等。因为整开纸张的尺寸范围直接规定了书籍设计的尺寸范围，所以在设计一本书籍之前，我们首先要确定好书籍成品尺寸的开型大小。

二、特种纸呈现美的诉求

1. 纸张纹理：纸张纹理是纸张在制造过程中产生的，可分为纵向纹理与横向纹理。印刷书籍时，需要着重考虑纸张纹理，根据纸张纹理调整印刷用纸的方向，这样可以使印刷效果更加饱满，而且特殊的纸张触感可以使读者在阅读过程中感受到变化的意趣。

2. 物理性能：纸张的物理性能包括厚度、平滑度、伸缩率等。平滑度适宜的纸张能够精细还原印刷网点；纸张的伸缩率会影响印刷套印的准确性，纸张的伸缩率过大会造成严重误差，使文字图形出现重影。

3. 光学性能：纸张的光学性能包括白度、不透明度、光泽度等，对书籍实物有较大影响。纸的白度会影响印刷的画面彩色，比如，印刷所用的白纸一般分为黄白与蓝白，同样的内容在黄白纸与蓝白纸上呈现的印刷效果有很大区别，黄白纸上的印刷效果发亮，颜色偏暖；蓝白纸上的印刷效果发暗，颜色偏冷。如图 3-1 所示，白色纸张在色彩上被细分为冷暖不同、纹理不同的黄白与蓝白。

三、常用印刷用纸的分类

（一）铜版纸

铜版纸又称涂布印刷纸，是用原纸涂白色涂料制成的高级印刷纸，是现代印刷设计中最常用的纸张类型之一。铜版纸纸面光洁、画面细腻、颜色饱满，主要用于印刷书刊封面、插图、彩色画片、商品广告、样本、商品包装、商标等。其中“亚光铜版纸”（又名“无光铜版纸”）是铜版纸的一种，属于哑粉纸，没有强烈的光泽感。铜版纸克重选择较多，可以选择使用的范围是 105g ~ 400g，其中 105g ~ 157g 范围内的铜版纸适于印制封面、内页，200g ~ 400g 范围内的铜版纸适于印制封面、护封、函套、书签。铜版纸印制的内页纸面颜色饱和度较高，且具有较强的光泽度，因此适用于期刊、画报、油画等作品的印刷，如图 3-2、图 3-3 所示。

（二）装帧布

装帧布一般用于精装书籍的封面装帧，它一面是色彩多样、触感丰富的布，另一面由纸张粘合而成，布面可以表现出丰富的视觉、触觉感受，由纸张粘合的一面又易于刷胶裱糊。装帧布上可以使用丝网印、烫电化铝、UV、压凹起凸等多种工艺，制作出精美的作品，用典雅华美的装帧

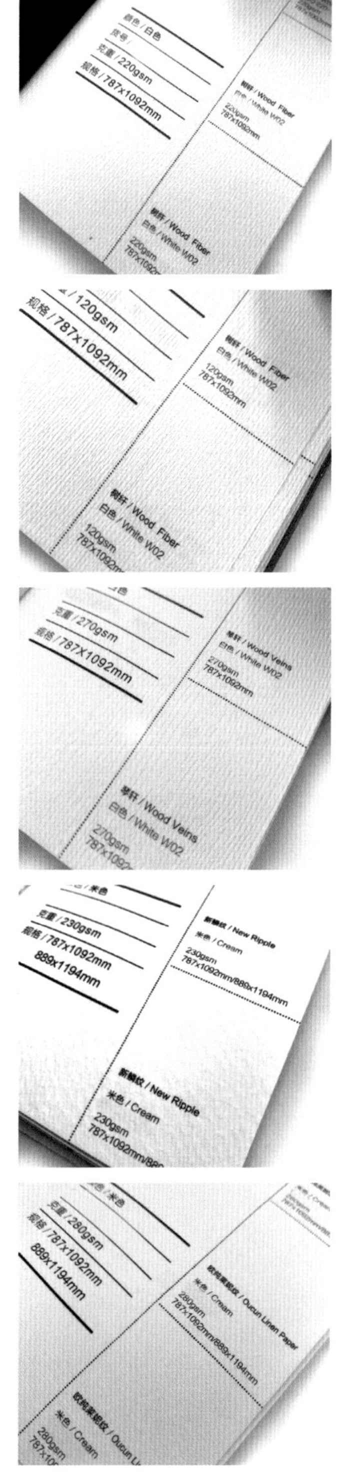

图 3-1
白色特种纸在纹理、色彩、厚度上的呈现

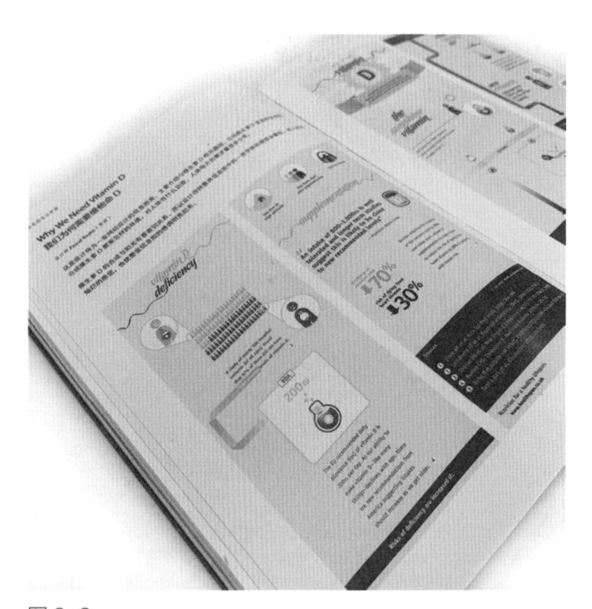

图 3-2
铜版纸内页印刷效果

图 3-3
铜版纸内页印刷效果

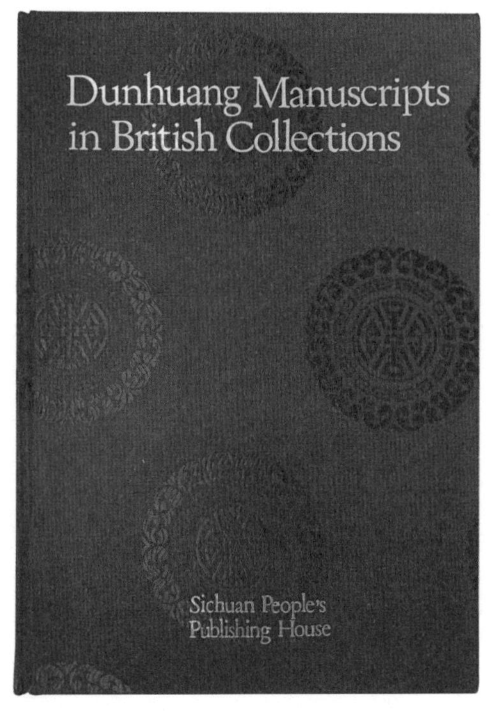

图 3-4
《英藏敦煌文献》（第一卷）的装帧布封面

来显示书籍本身的收藏价值，多用于文献书籍的封面制作。图 3-4 是在装帧布上使用烫电化铝工艺制成的封面作品。

（三）卡纸

卡纸比一般用于内页的纸张要厚，正面多为白色，且纹理细腻，背面多为灰底的纸板，以白板纸最为典型。卡纸质地较硬，挺度较高，容易折损，克重在 120g ~ 400g 之间，多用于印制书籍环衬、封面和函套。随着现代技术的发展，卡纸的色彩和肌理效果愈发丰富，增加了设计师的选择，满足了各种不同的表现需求。图 3-5 为各类卡纸的纸样；图 3-6 为由银卡纸制成的封面，具有时尚、前卫的形象表征；图 3-7 的封面采用同类色彩叠加的工艺，作为承载物的卡纸充分展现出其独特的质感；图 3-8 为黑色卡纸烫印黑色电化铝，同类色彩、不同光泽度的对比使用显示出独特的视觉效果。

图 3-5
各类卡纸纸样

图 3-6
卡纸制作的封面实物效果

图 3-7
银卡纸制作杂志封面的实物效果

图 3-8
黑卡纸烫黑色电化铝效果

（四）胶版纸

胶版纸又称“道林纸”，较铜版纸重量轻，表面相对粗糙。胶版纸伸缩率较小，吸收油墨较为均匀，纸张平滑度好，适于印制单色或多色的书刊封面、正文、插页、信纸、产品说明书和普通文字类书籍，克重为 55g ~ 120g。如图 3-9 展示的书籍《我在故宫修文物》，胶版纸印刷的内页光泽度较低，画面表现比较稳重，适合呈现原本由宣纸材质承载的艺术作品。

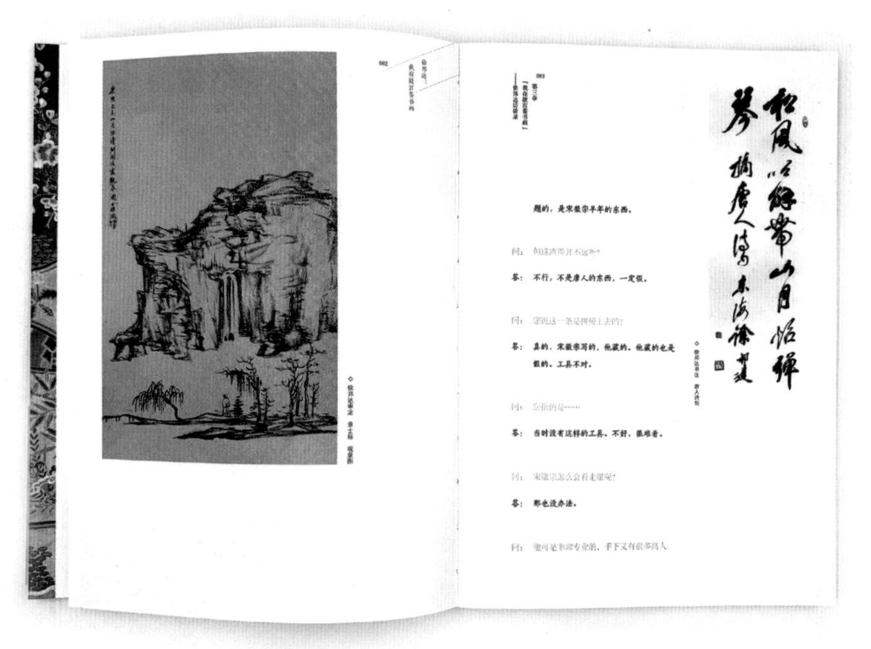

图 3-9
《我在故宫修文物》内页为胶版纸印刷

（五）硫酸纸

硫酸纸又称制版硫酸转印纸，具有纸质纯净、强度高、透明好、抗老化等特点，在印刷过程中对油墨的吸附性差、色彩的再现能力差。目前市面上有颜色各异的半透明性的硫酸纸（图 3-10），其半透明的特性适于印制扉页、腰封、插页等内容。硫酸纸也可用于平版及丝网印刷，但油墨晾干耗费时间长（图 3-11）。

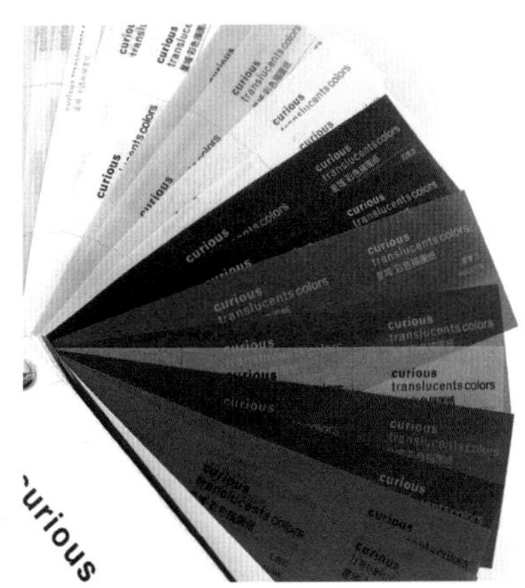

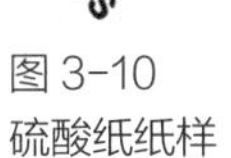
图 3-10
硫酸纸纸样

图 3-11
硫酸纸印刷效果

（六）特种纸

特种纸在颜色、纹路、质地、触感、视觉效果、特殊工艺等方面都有别于普通工艺制作的纸张，种类众多，具有较强的艺术个性。设计师可以根据不同书籍设计的内容定位和形式风格，选用具有不同艺术特点的特种纸张，更好地表达书籍设计的特点。（图 3-12）

图 3-12
特种纸的纸样

第二节 书籍的印前工艺

一、印刷前注意事项

（一）出血位设置

出血位指在印刷过程中为完整展现书籍页面内的图片和图形而预留出的部分，可以避免裁切后露出纸色、裁到页面内容。在开始设计书籍的前期准备工作中就要在设计软件里设置出血尺寸，含有出血尺寸的书籍尺寸要大于成品书籍的尺寸，而印刷出来并裁切掉的部分就称为出血或出血位。

一般书籍设计里的出血位设置为 3mm，根据现代印刷制作技术的需求，书籍设计中一般有三面出血和四面出血两种出血位设置方法，三面出血即在书籍页面的三个切口位置每一边各留 3mm 的出血，而四面出血则是在页面订口、切口的四个边均预留 3mm 的出血，一般根据印刷与技术的需求选择不同的出血方式。（图 3-13）

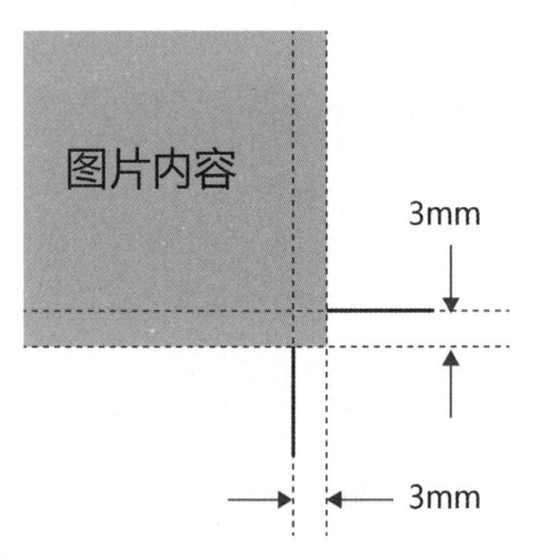

图 3-13
出血位设置

（二）图片设置

设置书籍中的图片时，首先要注意色彩模式，书籍印刷一般采用四色印刷，书籍中的图像应使用 CMYK 色彩模式；如果要进行黑白印刷，图像应使用灰度模式。书籍图片应根据印刷色彩模式的要求，提前在图像处理软件中将图像模式设置正确。其次要注意图片的分辨率，电子版图片印刷要求尺寸设定分辨率不低于 300dpi，如果是印刷品扫描图片，其图片效果不会优于原稿，因此尺寸设定要稍小于原稿尺寸。（图 3-14）

（三）文字转曲

完成书籍设计文件的最终设计稿后，仍需要在印刷打样前对文件中的文字进行文字转曲工作，以确保不会出现文件输出后丢失字体的情况。以软件 Adobe Illustrator 为例，文件设计完毕后要选中文字执行转曲命令（ctrl+shift+O），如使用软件 Adobe InDesign 则需要使用透明度拼合预设的命令实现输出文件文字的转曲。（图 3-15）

（四）文件输出设置

数字技术中的 CTP（computer to plan）技术，指通过电子印前处理系统或者书籍页面直接转移到印版的制版技术，省略了传统菲林制版等环节，实现了数码直接制版，这要求书籍设计输出文件严格符合制作标准。现代电子排版系统输出文件大多以 PDF 格式为准，InDesign、Illustrator 等软件均可以输出标准的 PDF 格式文件，但是输出文件时要注意文字转曲、图片大小、文件出血位等详细参数的设定。（图 3-16）

（五）打样

打样是在书籍印刷之前的另一道重要工序。书籍要交付印刷，就需要对设计稿进行打样校对，一般一本书籍要经过多次校对方可付印。打样的方式有很多，优势各异，成本也不尽相同。

图 3-14
在 Adobe Photoshop 中设置图片分辨率

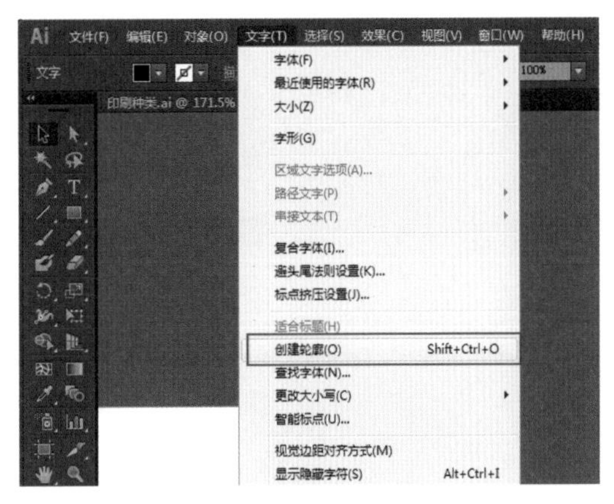

图 3-15
在 Adobe Illustrator 中设置文字转曲

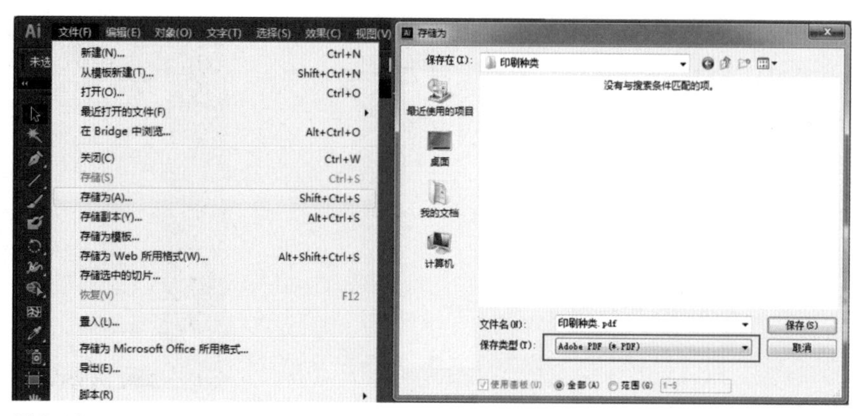

图 3-16
在 Adobe Illustrator 中设置文件输出格式

1.PDF 样稿（软稿样）

现在很多书籍设计项目都采用 PDF 格式印刷。印刷厂会进行印前设置，将设计稿重新导出为 PDF 文件，当然设计者本人也可以设置印刷参数，自己导出 PDF 文件。导出的文件带有出血标记和裁切标记，且不会被拼版。一般 PDF 软稿样中不会出现太多问题，但仍然可能存在文本字体缺失、页面元素丢失等问题。

2. 数码打样

数码打样是指直接从计算机输出到高质量纸张上的印刷方式，其形式灵活多样，没有数量限制，是现代最受欢迎的打样方式之一。但是数码打样只是模拟印刷效果的样稿，无法呈现网点、套印、专色等专业效果与复杂的工艺，只能呈现书籍设计元素的准确程度、页码顺序等细节。

3. 湿打样

湿打样是指用印刷油墨在实体纸张上印刷，再装订成册的打样方式。湿打样按照印刷流程按部就班地进行，耗费时间较长，成本高于其他打样方式。但是湿打样是唯一能看到成品效果的打样方式，样品实际已与最终成品很接近。一般情况下，印刷商会制做出若干印样，以供参考。

（六）拼版

拼版又称“装版”“组版”。拼版印刷是将书籍设计页面按照印刷拼版规律进行组合，页面大小由印刷幅面及印刷纸张的大小来定，最大化利用纸张，节约印刷费用及时间。图 3-17 为拼版后的“蓝版”效果和四色拼版印刷后的效果。

图 3-17
原图、印刷厂拼版及印后形成封面效果

二、印前流程

书籍印刷前期的工作包括书籍信息内容整合、设计排版、输出制版、打样校对等，基本步骤可以概括为“准备素材阶段→排版录入→文图校对→制版输出→打样→再次校对”。

（一）准备素材阶段

1. 用 Adobe Photoshop 编辑书籍设计中需要用到的图片，包括图片尺寸和颜色模式的修改，图片颜色校正、图片修复和图片拼接等。

2. 处理完毕的图片需另转存为 CMYK 颜色模式，分辨率为 300dpi 的文件。

3. 用矢量软件制作图形、图表，完成后存为 CMYK 色彩模式的矢量文件或者 PDF 文件。

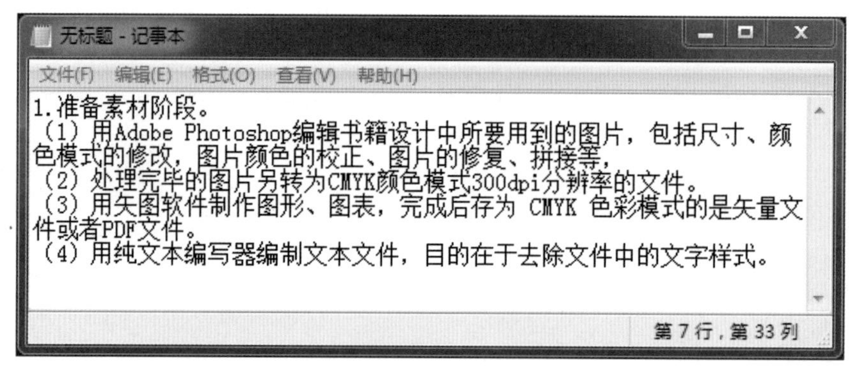

图 3-18
使用 windows 自带的记事本去除文字格式的内容

4. 用纯文本编写器编制文本文件，去除文件中的字体、颜色等文字格式。（图 3-18）

（二）书籍设计阶段

用 Adobe InDesign、Adobe Illustrator 等排版软件将准备好的素材按照审美与视觉流程进行规划设计，有目的地形成完整的书籍。

（三）书籍设计后阶段

1. 处理出血位、文字转曲、图片链接、陷印等问题。
2. 打样、校稿、修改错误。
3. 四色打样。
4. 再次校对，客户签字。

第三节 印刷类型与印后工艺

一、现代印刷类型

（一）平版印刷

平版印刷又称胶版印刷，印刷时印版上的图文内容与空白部分基本处于同一平面。平版印刷利用水墨不相容的原理和间接转印的方式，将书籍内容印制到纸张表面。首先，装置供水给印版的非图文部分，使非图文部分与油墨隔离，再向印版中的图文部分供墨，水的作用是使油墨只供给印版的图文

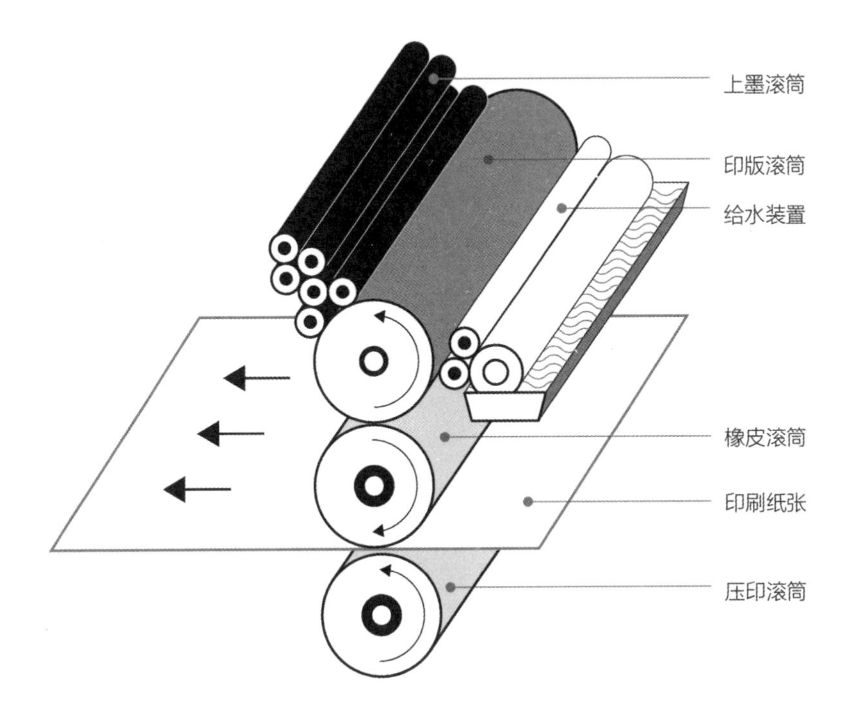

图 3-19
平版印刷图解

部分，然后将印版上的油墨转移到橡皮布上，最后利用压力装置将橡皮布上的油墨转移到印刷纸张上。平版印刷先是向印版给墨，然后将印版上的油墨转移到橡皮布上，最后通过压力再将油墨转移到纸张上，这一过程表明平版印刷是一种间接印刷方式（图 3-19）。平版印刷相较于其他印刷方式，成本低廉，套版准确，适于大批量印刷，是现代主流印刷方式之一（图 3-20）。

图 3-20
平版印刷效果案例

（二）凸版印刷

凸版印刷属于直接印刷，其印刷原理类似于版画制作原理，凸版印刷的图文部分有明显的凸起，非图文部分有明显的凹陷感。凸版印刷通过墨辊将油墨转移到印版上，在压力的作用下墨辊上的油墨转移到印版上凸起的图文部分，凹陷的非图文部分则没有油墨供给。凸板印刷需要在印版与压力装置的共同作用下才能达到墨色浓厚、网点均匀、耐印率良好的效果。（图 3-21）

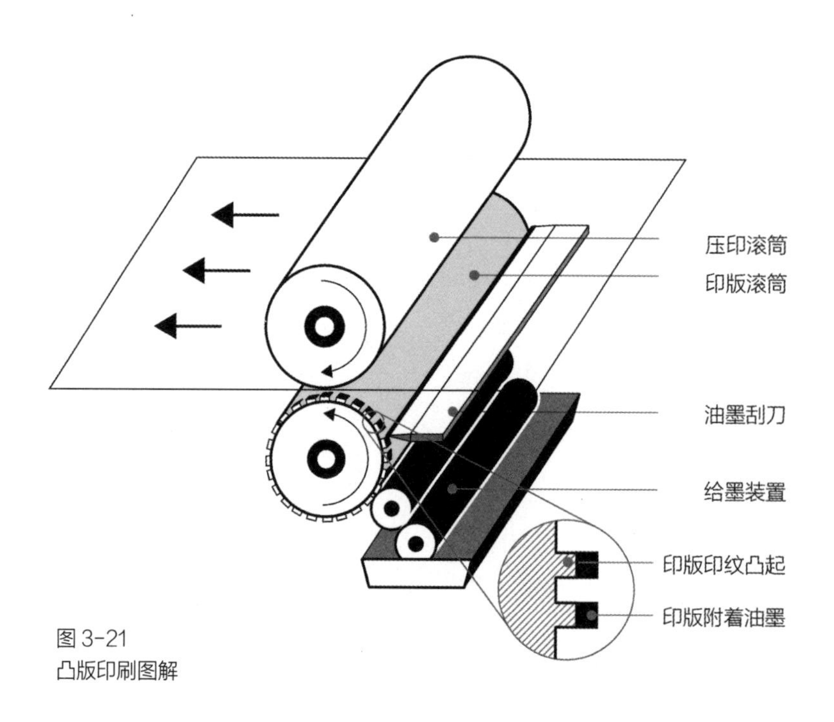

图 3-21
凸版印刷图解

（三）凹版印刷

凹版印刷的工作原理与凸版印刷相反，印版中的图文部分凹陷，非图文部分凸起。在印刷时，印刷机的给墨装置给印版中凹陷的部分注入油墨，然后在印刷滚筒的压力作用下，将油墨层转移到纸张表面。凹版印刷的印刷效果墨色厚实、饱和度高、耐印率高、品质稳定，在图文出版领域内占据极其重要的位置。（图 3-22）

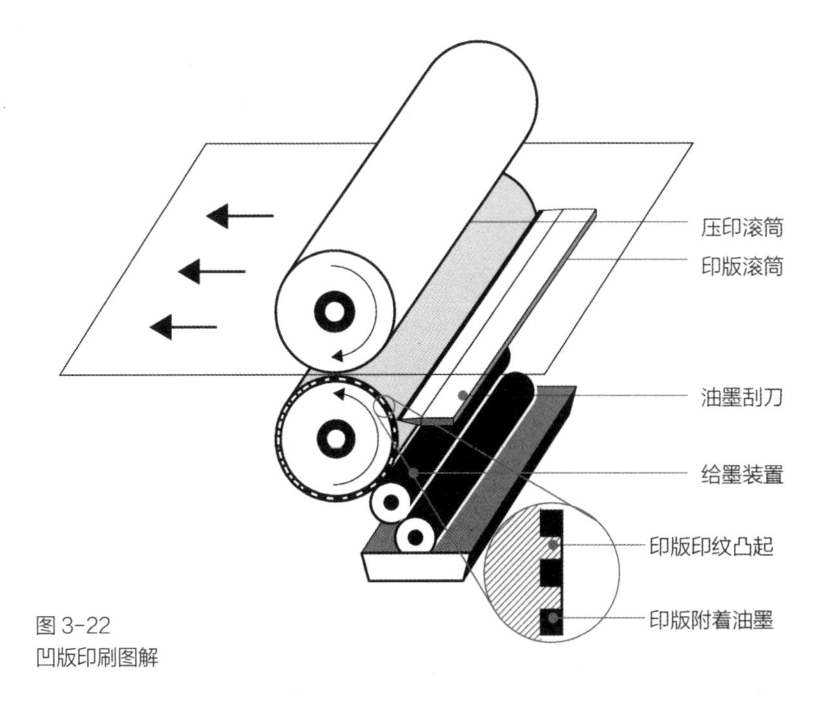

图 3-22
凹版印刷图解

（四）丝网印刷

丝网印刷又称孔版印刷，是滤过版印刷的典型。丝网印刷的图文部分的丝网网孔可以透过油墨，而非图文部分的网孔不能透过油墨，从而实现印刷。印刷时，首先用感光制版的方法制作丝网版，然后在丝网版的一端注入油墨，再用刮板按固定方向匀速施加压力，在刮板的压力作用下，油墨通过丝网版中图文部分的网孔到达纸张表面，而非图文部分则不会有油墨的渗透（图 3-23）。随着现代印刷技术的发展，丝网印刷也有了较大的发展，丝网印刷对油墨的适应力极强，承印物的材料范围较广，印刷尺寸不受限制，既可套色印刷，又可四色印刷，还具备着墨层覆盖力强、制版方便、成本低廉、印品性能稳定等优点（图 3-24）。

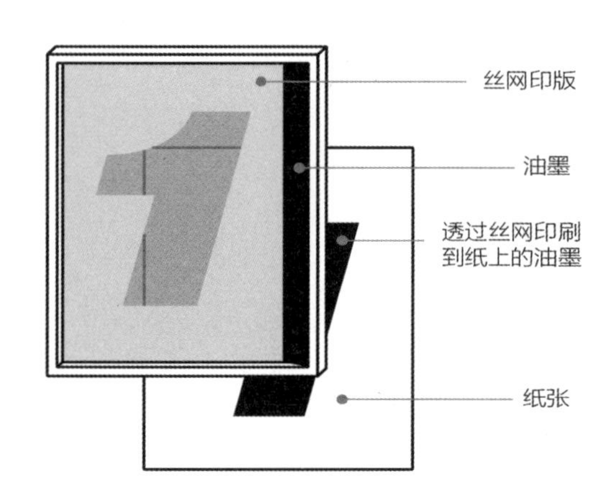

图 3-23
丝网印刷图解

图 3-24
丝网印刷效果案例，精细度不可与平版印刷相比，但可以实现更多色彩的表达

二、印刷后期工艺

（一）上光油

上光油，指印刷后在纸张上加印一层透明有光泽的油性墨，增加书籍图文色彩饱和度、鲜艳度、光泽度，具有耐磨性、防水性，可以保护书籍页面。按效果，上光油可以分为全面上光、局部上光、哑光上光、光泽上光等；按品种，可以分为水性上光油、油性上光油、UV 上光油、醇溶性上光油等，目前应用最多的是水性上光油，其具备良好的环保性能。图 3-25 封面为四色印刷后上光油的效果，即使多次翻阅后，纸张的磨损程度仍然较低，利于维持崭新的纸张状态。

图 3-25
封面上光油后，实物颜色更加鲜艳并且耐碰撞、耐摩擦，色彩保持更持久

（二）UV

UV 是指在印好的纸张表面覆盖特殊的透明材料，可以达到亮光、哑光、磨砂、镶嵌晶体、金葱

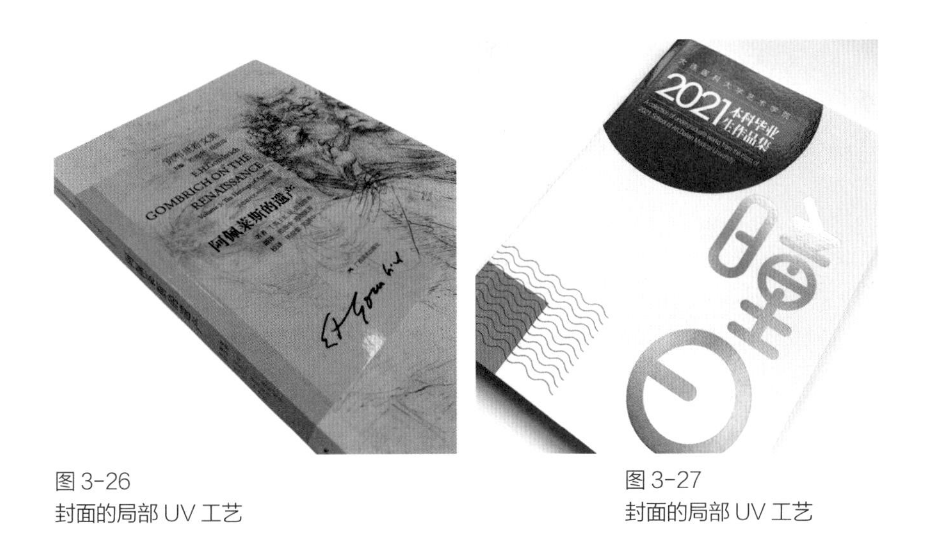

图 3-26
封面的局部 UV 工艺

图 3-27
封面的局部 UV 工艺

粉等多种效果。UV 多用于书籍封面、函套、腰封的制作，主要用于突出墨色的光泽度与书籍艺术效果，此外 UV 硬度较好，耐腐蚀摩擦，不易出现划痕，可以保护纸张表面。局部 UV 的墨层有明显的凹凸感，给人独特的视觉感受。图 3-26 为《贡布里希文集》，封面局部做 UV，形成局部光亮，提升质感。图 3-27 在封面条状图形上使用 UV 效果，传达出不同的视觉、触觉感受。

（三）覆膜

覆膜又称过胶、过塑、裱胶、贴膜，指在覆膜机高温压力的作用下纸张覆着一层塑料薄膜的工艺。覆膜工艺主要分为光膜和哑光膜两种，前者色泽亮丽、有一定的反光效果，后者颜色雅致、没有反光。覆膜工艺对书的封面有装饰和保护作用，但是表面凹凸不平的纸张不适合覆膜。

（四）模切、压痕（模压）

模切是根据设计要求使用模切刀版把纸张切割成异型或“镂空”的工艺，让印刷纸张的形状不再局限于直线边角。压痕是指利用压线刀或压线模，用压力在纸张

图 3-28
模切效果

上压出线痕，以便书籍纸张能在预定位置弯折成型。模切刀和压线刀通常组合在同一个模板内，在模切机上同时进行模切和压痕加工，简称为模压。（图 3-28）

（五）烫电化铝

常见的电化铝烫印形式是烫金，指使用热压转印原理将电化铝中的铝层转印到书籍纸张表面，形成特殊金属效果的工艺。烫金是这种工艺的统称，根据烫金电化铝箔材料的不同，可以制成金色、银色、镭射、黑色、彩金、激光等多种颜色分类。（图 3-29 ~图 3-31）

图 3-29
书籍封面烫其他颜色电化铝效果

图 3-30
书籍封面烫金色电化铝效果

图 3-31
烫金版及印后效果

图 3-32
《怀袖雅物——苏州折扇》封底特种纸凸起工艺

图 3-33
书籍函套压凹效果案例

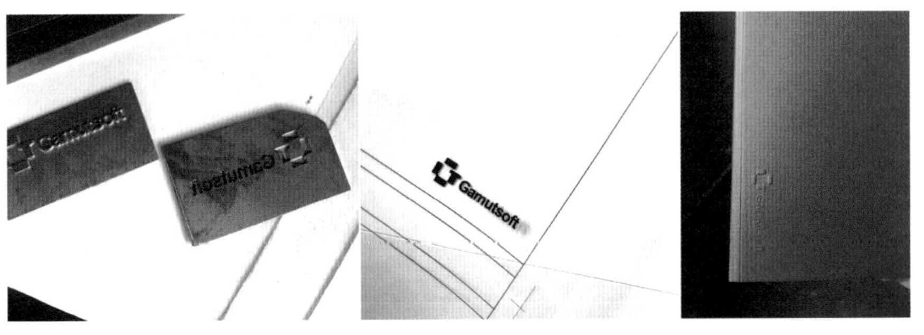

图 3-34
封面起凸制版及案例

（六）压凹、起凸

压凹起凸又称压印，是不使用印墨，仅凭压力在纸张局部形成图形的工艺。压凹利用腐蚀制作凹模版，通过压力作用将纸张表面压印成具有凹陷触感的形式；起印是利用凸模版在纸张上施加压力，形成有凸出触感的立体浮雕图文。压凹与起凸多用于书籍函套、封面结构的加工制作。（图 3-32~ 图 3-34）

（七）滚金口

滚金口是指在书籍切口位置烫、压金属铝箔或电化铝箔，使书芯呈现金色或银色的工艺，这种工艺也可以在三面切口的位置烫、压颜色（图 3-35、图 3-36）。滚金口技术难度较高，且加工数量有限，因此多在有保存价值的书籍上使用，如精装书或者对裱卡书等，使书籍外表华丽新颖。

图 3-35
书籍的滚金口案例

图 3-36
书籍滚边印刷案例，切口颜色与封面一致

图 3-37
封面对裱后视觉效果

（八）对裱

对裱，指将多层卡纸或板纸裱糊在一起，一般情况下用于精装书籍封面以及环衬页的裱糊。对裱具有韧性好、强度高、手感佳的特点，经常与模切、圆角、压痕等工艺同时使用，还会与各种材料配合制作附件。除精装书籍之外，邮册、相册等纪念册也经常采用对裱工艺制作封面。（图 3-37）

（九）裁切

裁切，指在书籍印刷、装订完毕后，利用专业的裁切机对印刷品多余的出血和不整齐的部分进行裁切，确保书籍尺寸一致。（图 3-38、图 3-39）

图 3-38
裁切前内页

图 3-39
裁切前封面

第四节 现代装订方式

一、骑马钉

骑马钉又称骑马订，指在书籍成品的中央书脊处通过装订针钉或穿线的方式固定整本书籍，然后裁切书籍的三个切口。因此，采用骑马钉工艺制作的书籍是前后对称中间装订的。骑马钉制作周期较短、成本可控，但牢固性比较差，骑马钉的装订方式对书籍页数有较大限制，所以较适合制作纸张较薄或页数较少的册子，如杂志（图 3-40）、超市打折册、练习册、产品手册等，按册子的大小有一口订、二口订、三口订之分。

图 3-40
骑马钉装订方式的杂志

二、无线胶装

无线胶装是不用铁丝或线而直接使用胶进行黏合的装订方式，有两种类型：第一种是直接使用胶水固定纸张，同时用封皮包住书芯；第二种是将书帖缝接在一起后用胶水固定，这种方法会让书帖更加坚固。胶粘装订会使书籍订口处的留白有所损失，所以在设计时就要预留适当的空白。（图 3-41）

图 3-41
无线胶装，内页无法平摊

三、锁线胶装

锁线胶装是用线将预先配好的书帖穿在一

图 3-42
锁线装订设备

起，然后用胶水将用线穿好的书帖组合固定在书脊上的一种装订方式（图 3-42）。用胶粘书芯的同时加上线固定，具有坚固、耐用、不掉页的优点，并且书籍翻阅时可以完全展现书的内容，一些比较厚的精装书、词典、艺术书籍都比较适合采用锁线胶装的装订方式。锁线胶装的书籍内页可以 180 度平铺展开，视觉效果理想，适合需要跨版的图片设计类书籍（图 3-43）。

四、环装

环装是使用梳形夹、螺旋线等材料将印刷完毕的书籍在订口位置进行装订的工艺。加工时，先将书籍订口位置

图 3-43
锁线胶装，内页能够平摊

打孔，再装订成册。环装书籍简洁大方，翻页时不会造成折页破损，书籍能长时间保持，同时可以随时调换书籍的内容部分，这个优点是其他印刷装订方式都不具备的。（图 3-44）

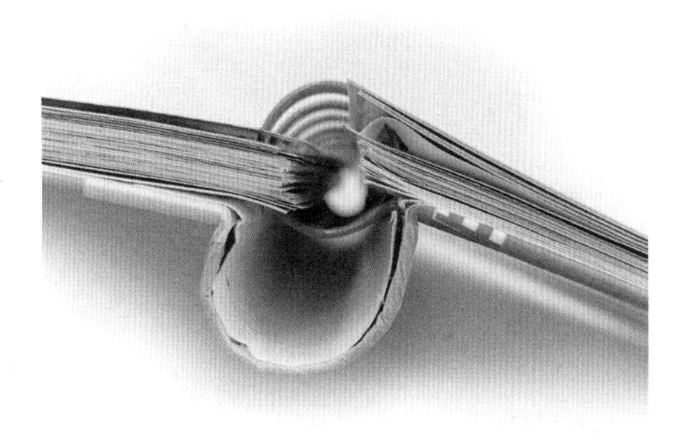

图 3-44
环装书籍

五、特殊装订

（一）折页装订

常规书籍大多是将整版印刷的图文内容折叠后再装订裁切，而折页装订则只使用折叠的方式，不装订裁切。折页装订的折法多种多样，常见的有对折、风琴折、平行折等。折页装订形式灵活、易于展开，多与常规装订方式结合，呈现出丰富书籍的形态。图 3-45 为风琴折的折页装订书籍，封面为精装的方式。

图 3-45
折页装订书籍

（二）开背装订

开背装订也称露脊装，书籍的书芯采用锁线胶钉，封面与封底单独附于书芯，书脊位置不作修饰露出书籍锁线，可以让读者感受到书籍的结构感与肌理感。（图 3-46~ 图 3-48）

（三）夹装

夹装指利用夹子等工具来装订书籍内芯。此装订方式便于开合书籍，可以增强读者与书籍的互动。（图 3-49）

图 3-46
开背装订书籍 1

图 3-47
开背装订书籍 2

图 3-48
开背装订书籍 3

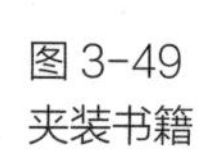

图 3-49
夹装书籍

第四章
概念书与书籍设计的未来

○ 概念书与观念的更新

○ 新时代书籍设计之展望

第一节 概念书与观念的更新

一、何谓概念书

1989 年版的《辞海》对“概念”的定义为：“反映对象的特有属性的思维形式。人们通过实践，从对象的许多属性中，抽出特有属性概括而成。在概念形成阶段，人的认识已从感性认识上升到理性认识。科学认识的成果，都是通过形成各种概念来加以总结和概括的。”[23] 因此，概念是人们对事物理性的、客观的认识。与出版管理后批量发行的商品化书籍相比，概念书籍设计有三个特别之处：其一，概念书籍设计是对书籍形态、材料与功能的创新形式的探索与突破，为书籍设计的未来寻找方向；其二，概念书籍设计是对书籍创新形式的尝试，无需出版发行；其三，同出版政策中“出版 + 文创”的转型升级相适应，概念书籍设计建立在科技进步的基础上，概念书籍设计率先创新使用高科技材料与书籍工艺的复合化发展成果，引领书籍设计的未来（图 4-1）。早在 20 世纪，中国部分高等院校中的视觉传达设计专业的书籍设计课程就开始引入概念书设计理念，时任中央美术学院设计系副主任的谭平教授在 1999 年发表《概念书籍设计——设计教学笔记》一文，记录了他对概念书教学的感想：“现在我可以说：‘概念设计’是一个定位，是一个选择，是一种思维方式。”[24]

二、概念书带动观念更新

2009 年，第七届全国书籍艺术展览新设置了“探索类”奖，开始重视并且鼓励概念书籍设计，获奖者包括在校生、艺术类高校教师、设计师等。概念书籍在社会经济、科学技术与设计教育快速发展的背景下应运而生，已经普遍展开相关教学，但未得到出版行业的重视，因此概念书籍设计尚处于起步阶段。概念书籍设计最初来源于工业产品的概念设计，之后在建筑设计、室内设计、服装设计等领域有所拓展，形式与技术创新展示

图 4-1
Lacoste 品牌概念宣传册设计

了排斥工业化生产的理念，具有一定的前瞻性与实验性。概念书籍设计不仅实现了材料与形式的探索，同时也促进了出版行业的创新发展，对未来的书籍设计具有导向性作用，可以表现为以下几个方面。首先，在制作上概念书籍设计不断突破束缚，追求形式创新、材料创新与形态创新。概念书籍的制作不同于批量生产制作，不会因成本能耗等问题限制纸张尺寸、切割工艺与材料添加，因此书籍形状、长宽比例等方面都有较大的自由度。概念书籍设计的过程中，不论是打破固有形式，还是用新材料重新演绎传统，都可根据书籍内容对制作形式展开无限的联想。其次，概念书籍设计是对书籍体验的进一步创新。概念书籍的设计从形式上突破了书籍形态的限制，在人作为阅读行为主体的实践过程中，探索实现新的感官互动体验。再次，概念书籍设计通过追求形式与体验的创新，从而达到功能的创新。概念书籍设计最初会隐藏其功能意义，选择率先突破传统材料形态的限制，实现形式的创新，但形式创新的最终目的是重新演绎书籍的实现功能，概念书籍的所有创新设计最终都是为了实现阅读、“悦读”或“乐读”的功能。

概念书籍是体现书籍设计实践创新较为有效的方式，在书籍设计课程的驱动下，学生在课程训练中会创作出大量的具有创新设计理念的概念书作品，如学生作品中的《中国传统节日》（图4-2）为六面体展开后的平面，是使用多种材料的具有创新思路的概念书作品；《余白镂空》（图4-3）的创新形式体现在排版上；《纸鸢》（图4-4）和《剪纸艺术欣赏》（图4-5）侧重于用纸张及其他材料表现中国传统文化；《HI！插画》（图4-6）使用册页制度将各自独立的插图整合成完整的场景，形成立体插图，体现出局部与整体的协调性；《Feeling》（图4-7）将图画视觉的肌理效果与人们在生活中对形象反射得来的经验结合，让人以视觉来感受味觉形象；《尘芥集》（图4-8）将现代摄影图像作为书籍内容，是现代印制技术和现代内容结合制作的经折装，演绎了传统装订形式的现代书写表达。

概念书籍设计启示了传统出版背景下发行的纸质书籍的设计，因为在设计过程中，概念书在书籍造型材质等方面的自由创造突破了现有技术的限制，为许多创意提供了实现的可能。书籍形态的变化使书籍与读者在形式上有了更好的互动，利于读者情感的回归，因此拓宽了阅读的功能，打破了阅读的边界，对书籍设计的发展具有参考价值。随着经济的发展，消费转型升级，人们对资源大量开发和使用，引发出生态设计的问题，概念书籍的设计中也注入了环保理念，例如开发应用轻型纸张、绿色油墨等制作材料，生态设计思想注入整个设计过程，实现可持续发展的书籍制作。

图4-2
《中国传统节日》概念书籍设计作品（作者：王欣）

图 4-3
《余白镂空》概念书籍设计作品（作者：林光）

图 4-4
《纸鸢》概念书籍设计作品（作者：张琪）

图 4-5
《剪纸艺术欣赏》概念书籍设计作品（作者：郭斌）

图 4-6
《HI！插画》概念书籍设计作品（作者：聂云鹏）

图 4-7
《Feeling》概念书籍设计作品（作者：侯炜）

图 4-8
《尘芥集》概念书籍设计作品（作者：柴琪惠）

第二节 新时代书籍设计之展望

一、民族文化精神的构建

中国现代书籍在社会变迁、艺术思潮流变与技术发展的影响下经历了多种风格的演变。改革开放以后，西方艺术思潮、欧洲设计教育理念如一阵猛烈的狂风席卷而来，西方工业化的批量生产形成制作标准，计算机辅助设计大大缩短了制作周期并降低了单件成本，中国设计师视野逐渐开阔。20 世纪末，中国设计师与相关从业者似乎被新奇的电子技术与西方设计文化的“狂风”冲昏，设计书籍封面时甚至不假思索地直接舶来，缺少对书籍设计内在文化精神的研究和分析，中国书籍装帧设计中的民族精神曾遭受外来设计风格的冲击，“书卷气”甚至被认为是陈腐思想，是书籍形式现代化的屏障，设计师在保留传统形式与追求现代形式之间展开博弈。

将中国的文化精神与西方国家的文化精神进行比较是由来已久的。“文化的优势，不决于产生的地理环境，而决于生产力发展和社会进步水平。……中国现代文化的内容和形式，既继承了中国优秀的传统文化，又广泛吸取了外国的主要是西方的优秀文化成果。”[25] 因此，中国曾全盘吸收西方文化的主要原因，是西方强大的生产力和进步的社会状况，这是中国社会走向发展壮大需要经历的过程。由于经济基础决定上层建筑，随着 21 世纪经济的飞速发展，中国国力日渐强大，民族文化设计重新提上日程。

从封面画的艺术表现到装帧设计的形式思考，再到书籍设计的整体考量，中国现代书籍设计文化语言，需要一个漫长的建构过程。民国时期的美术家不仅受外来文化的影响，同时又继承了民族传统文化，此时的书籍封面制作也多采用美术家的艺术创作作品。在 21 世纪，一方面，计算机技术快速普及，智能技术飞跃式发展，我国书籍设计语言也逐渐掌握现代技术和创新形式；另一方面，我国推行设计认同策略，中央及地方出版管理机构鼓励举办书籍设计相关的展览和评选活动，向传统的回归成为书籍设计领域的发展趋势。其中，回归传统是“建立在以西方文化艺术精神为参照系，对中华民族文化再认识的基础之上的。”[26] 有艺术审美修养的中国设计师对书籍设计语言进行再思考，开展设计实践，构建出中国现代书籍设计独有的文化精神。为构建民族精神而开展的书籍设计探索主要表现在以下几方面：

第一，书籍设计通过书籍形态体现传统韵律。追求传统韵律，不是单纯回归传统形式，回到线装或竹简装那种阴翳的“书卷气”，而是在现代文化语境下以设计为主要手段，在纸张、装帧材料、装订方式等方面的设计中，在书籍封面、环衬、内页、勒口、封底等每个细节中融入传统韵律，让读者在翻阅书籍时让自身视线的移动与民族文化韵律的流动相互交融，如敬人工作室设计的《怀袖雅物》（图 4-9）与周晨设计的《泰州城脉》（图 4-10），设计师在设计书函时将装帧布的现代艺术与木质辅料构成的传统形式相结合，使内部版式与外在的装订相适应，采用传统线装的装订形式，同时采用电化铝烫制的现代工艺体现传统文化的风骨，此类设计实践透过书籍的外在形式流露传统精神。

第二，设计师在书籍设计语言表达上实现了文化自觉。20 世纪 90 年代以来，计算机辅助设计技术普及，提高了设计师的工作效率，丰富

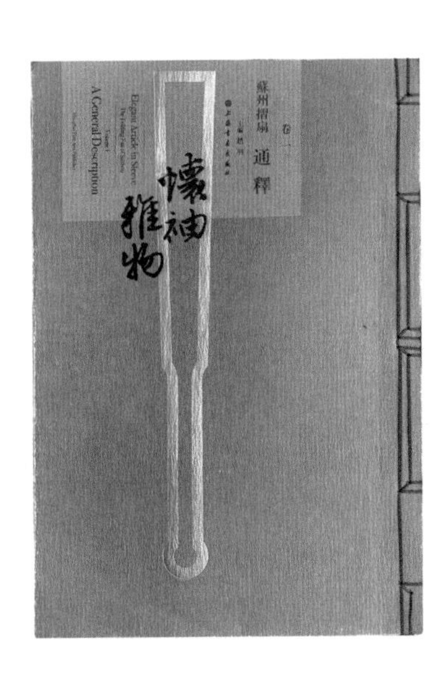

图 4-9
《怀袖雅物》上海书画出版社，2010 年，敬人工作室设计（摄于上海图书馆）

图 4-10
《泰州城脉》江苏教育出版社，2010 年，周晨设计

了书籍的装帧样式。然而，设计师沉浸在快速的设计工作中，印刷字体设计实力薄弱，随意编排文字造型，忽视了书籍的内在文化涵养。进入21世纪后，我国提出“文化自信”，中国书籍设计作品多次走出国门，登上世界舞台，国内设计师开拓了眼界，能够立足本国文化语境，采用现代化技术，提升设计品位，同时试图回归注重内心体验与精神感悟的中国艺术风格，如周伟伟设计的《金陵小巷人物志》（图 4-11）与朱赢椿设计的《蚁呓》。《金陵小巷人物志》封面及内页使用黄牛皮纸与楷书字体，用现代印刷材质体现传统毛边纸上的书法效果，其内页采用白色专色印刷，与封面颜色形成较大反差。《蚁呓》使用现代精装书的装订技术与图文排列方式，同时大量留白，使人产生无限联想，与中国画中“计白当黑”的艺术法则有异曲同工之妙。由此可见，一些设计师在实体书籍作品的设计中成功地表达了现代语境下的中国文化精神，实现了文化自觉。

第三，新技术与民族文化精神融合而成的形式

图 4-11
《金陵小巷人物志》江苏凤凰文艺出版社，2010 年，周伟伟设计

创新。传统的不等同于落后的，也不是旧时代的遗物，而是中国传统文化精神经过时间磨砺绽放出璀璨光芒。在计算机技术不断更新换代、智能化出版环境不断发展的大环境中，书籍设计的物化生成效率日渐提高，纸质书籍的体验方式也日趋丰富，不论是新的印制技术，还是新的汉字设计风格，或者是新的虚拟技术，都可以成为表达民族精神的新方式。如王子源与杨蕾共同设计的《湘西南木雕》（图 4-12），结合了现代印制技术与传统的线装形式，使用饱和度极高的大红色装帧布制作的封面十分契合木雕主题，内页采用激光雕刻的现代技术来模仿木雕质感。在新材料、新技术的辅助下，设计师回归传统，带领读者重新进入现场，翻阅此书可以获得超越普通纸质书籍的视觉与触觉体验。同样，潘焰熔设计的《桃花坞新年画六十年》（图 4-13）也将现代技术与线装形式相结合，封面颜色选自从桃花坞木版年画中提取的玫红与绿，设计师采用补色的方式形成对比鲜明的搭配，印刷字体的选择与版式的排列则具有较强的规则性与现代感，设计师用先进的制作技术完美阐释了传统语言。

中国现代书籍设计的文化精神构建要求在现代语境中体现传统文化精神，这也是设计创新的要求。当代中国书籍艺术既是现代的，又是传统的，两种要求看似对立，实则统一，它需要设计师将中国文化精神融入现代审美意识中。现代书籍艺术需要兼具多样化的外观形式和统一的精神面貌，推动未来中国书籍设计的可持续发展。

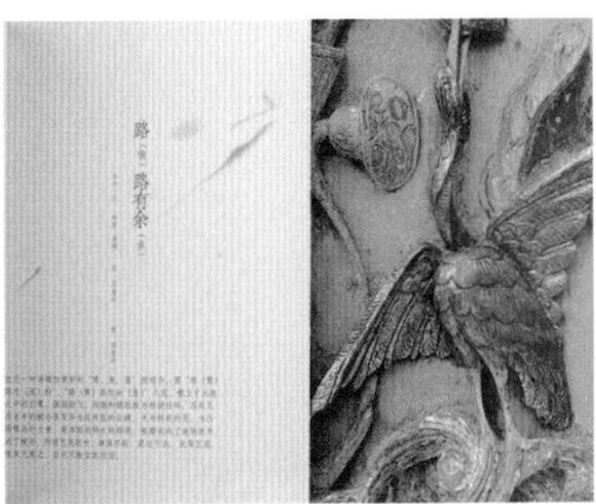

图 4-12
《湘西南木雕》，天津人民出版社，2004 年出版，王子源、杨蕾设计

图 4-13
《桃花坞新年画六十年》，江苏凤凰美术出版社，2016 年出版，潘焰熔设计

二、可持续设计的探索

从当前主流阅读方式与出版环境来看，书籍将持续以纸张为载体，转型升级中的“出版 + 文创”产业将扮演重要角色，而书籍的设计伦理将会在未来的发展中推动书籍成为绿色的、可持续的、愉悦心灵的阅读媒介。

纵观世界现代设计发展，20 世纪 80 年代，企业是经济发展的强大推动力，设计师的注意力聚焦在企业和消费者上，消费设计话语以惊人之势发展，设计师青睐能够促进消费的外观设计。因此，后现代主义风格大行其道，形式大于功能的产品盛行一时，如以意大利孟菲斯集团为代表的设计产品，宣传“远离道德约束和功能性的考量”[27]。20 世纪 90 年代以来，设计伦理问题被重新提出，主要表现在消费主义的设计实践中，此外在可持续发展的议题下，世界环境问题受到重视，设计伦理与生态学结合，努力实现人与自然和谐相处。帕帕奈克在《为真实的世界设计》一书中提出为第三世界、为智力低下群体和残疾人、为维持边缘状况下的人类和为打破陈规而设计，[28] 帕帕奈克的论著涉及设计的伦理问题，设计行为作为社会行为，设计要成为负责任的设计。

书籍设计风格的演变与设计教育的发展推动书籍设计不断革新。书籍设计的伦理要求，不能只简单地概括为制作材料的绿色环保与可持续使用，还包括形式与内容的可持续性。20 世纪 80 至 90 年代，在经济快速发展的时代背景下，受到西方设计的影响，出版业对出版种类与出版数量的需求大幅增加，计算机辅助绘图技术和激光照排技术的使用缩短了编辑、出版与发行的周期，国内书籍设计的种类与数量大幅扩充，满足了出版业的需求。为使中国书籍设计作品更好地走向世界，使中国书籍登上世界舞台，设计师们竭力做好书籍的“衣裳”，但或多或少地忽略了大众的购买力以及在读者翻阅中实现的书籍本身的阅读价值。21 世纪来临之际，设计被纳入国家为赢得经济竞争而提出的发展策略中，设计既要适应工业生产，又以环境的可持续发展为中心。此外，设计的人本价值也备受重视，要多层面地考虑读者的阅读状况。

三、避免过度设计

书籍的本质是阅读，设计的本质是“实用与审美的统一”[29]。因此，书籍设计不仅需要追求艺术审美表达，更需要以阅读功能为前提。中国古代的造物艺术中，“度”是中国古代计量长短的标准，正如《墨子 · 法仪》所言“百工从事皆有法所度”；而现代设计学语境中，李砚祖提出设计应是“人的自然尺度、价值尺度与道德尺度、审美尺度”[30] 的平衡。

计算机辅助设计技术出现之前，设计基本以手绘的方式呈现，人们在封面画绘制过程中十分注重艺术修养的展示和艺术效果的表达。但是在新时代，经济的快速增长，市场经济下大众享受物质的富足，生活工作方式发生巨变，人们在设计领域的视野更加开阔，虽然计算机辅助绘图技术解放了设计师的双手，但是出现了材料崇拜和技术崇拜的现象，一些设计师在书籍设计过程中过度使用计算机技术，却忽略对审美的“度”的把握，在设计制作过程中出现了“设计过度”的现象。2012 年吕敬人就批评了书籍过度设计的问题：“当今设计中存在的过度设计、过度包装的弊端，内容与形式，主角与配角本末倒置的现象，即所谓超越文本主题不着边际的修饰，牵强附会的花哨设计，越俎代庖或外强内虚的外在浮夸装帧，尤其是为达到经济诉求，无限添加莫须有成本的名不副实的画册、邮册……”。由这些现象来看，书籍过度设计一般表现在两个方面：一是不断添加设计效果，如在封面书名的字体设计中，不按比例拉伸字形，同时添加阴影、发光、色彩渐变等多种效果，使得画面效果“过犹不及”。二是纸张材料选择和装帧工艺使用上的问题，自动化印制技术为更多工艺效果的实现提供了可能，但是，一些书籍封面使用过多工艺，如同时使用电化铝、压痕、UV 技术等，设计师没有权衡制作工艺带来的设计效果，使书籍成本陡升，形式与内容不匹配，如昂贵雕花木质函套外观与书籍内容的不匹配。

因此，设计师要首先理解书籍内容，并具备一定的设计实践能力与艺术审美修养，并且树立为阅读而设计的意识，在书籍设计中掌握“适度”的原则，平衡书籍的书卷气与自身的品牌形象，制作出审美与功能兼具的书籍设计作品。

四、未来书籍设计伦理

德国学者图尔克（R.Tuerck）提出了六条产品设计伦理[1]，并且基于书籍是传播文化的产品的观点，提出了三点书籍设计伦理：第一，书籍设计的功能伦理，未来书籍将继续开发自身的阅读与体验功能，实现以不同人群为主体的阅读价值，使书籍区别于虚拟现实技术下其他阅读媒介；第二，书籍设计的环境伦理，需要考虑书籍设计物化过程中使用材料的环保性，如纸张的棉质含量，油墨的环保性，避免为体现新奇构思而猎取动物与砍伐植物等，把材料对环境的破坏程度降到最低，以实现可持续发展；第三，书籍设计的内容伦理，主要表现在文字内容与图像的编排上，书籍作为传播文化的商品，需适应时代发展，传播积极向上的内容，在满足人们精神需求的同时发挥道德约束的作用。

虽然中国未来的物化书籍设计发展将呈现怎样的趋势是不可断言的，但毋庸置疑的是，我国书籍设计的发展将仍然与设计风格的流变与信息技术的发展密切相关。不论未来的书籍设计将以何种方式在形式上进行革新，如何在设计理念中注入设计伦理的思考都已成为书籍设计界的重要课题。中国书籍设计师在工作中兼具社会责任感与环境意识，将给读者呈现出多学科融合的、更注重体验功能的、将新技术与中国文化精神结合的书籍设计作品。

---

1 德国学者图尔克提出六条产品设计伦理，分别为使用伦理、环境伦理、社会伦理、劳动伦理、精神健康伦理、动物伦理。（来源：周博．现代设计伦理思想史 [M]. 北京：北京大学出版社，2014:255.）

[1] 商务印书馆辞书研究中心. 新华词典[W]. 北京：商务印书馆，2001：1388.

[2] 辞海编辑委员会. 辞海缩印本[W]. 上海：上海辞书出版社，1989：118.

[3] 邱陵. 书籍装帧艺术简史[M]. 哈尔滨:黑龙江人民出版社，1984：2.

[4] 邱陵.书籍装帧艺术简史[M].哈尔滨:黑龙江人民出版社,1984：63.

[5] 新村. 広辞苑（第五版）[M]. 东京：岩波书店，1998：1551.

[6] 钱君匋. 书籍装帧//孙艳 童翠萍 书衣翩[M]. 北京：生活 · 读书 · 新知三联书店，2006：312.（原载于陈子善. 钱君匋散文[M]. 广州：花城出版社，1999.）

[7] 张慈中. 心灵与形象——张慈中书籍装帧设计[M]. 北京：商务印书馆，2000:94.

[8] 蔡子人，郭淑兰，中华人民共和国文化部教育科技司. 中国高等艺术院校简史集[M]. 杭州：浙江美术学院出版社，1991.

[9] 中央工艺美术学院简介[J]. 装饰，1961：58.

[10] 王受之. 现代平面设计史[M]. 北京：中国青年出版社，2002：165.

[11] 商务印书馆辞书研究中心. 新华词典[W]. 北京：商务印书馆，2001：1302.

[12] 商务印书馆辞书研究中心. 新华词典[W]. 北京：商务印书馆，2001：1388.

[13] 余秉楠. 世界书籍艺术的现状和发展趋势//上海市新闻出版局“中国最美的书”评委会. 最美的书文集. 上海：上海人民美术出版社，2013：216.

[14] 吕敬人. 书艺问道——吕敬人书籍设计说[M]. 上海:上海人民美术出版社，2017：161.

[15] 上海鲁迅纪念馆等. 鲁迅与书籍装帧[M]. 上海：上海人民美术出版社，1981：9.

[16] 钱钟书. 钱钟书作品集[M]. 兰州：甘肃人民出版社，1997：501,502.

[17] 余秉楠. 世界书籍艺术的现状和发展趋势//上海市新闻出版局“中国最美的书”评委会. 最美的书文集. 上海：上海人民美术出版社，2013：202.

[18]（美）迈克尔 · 诺斯.创新——一部新事物的历史[M]. 海口：海南出版社，2018：10.

[19] 廖宏勇. 信息设计[M]. 北京：北京大学出版社，2017：153.

[20]（美）鲁道夫 · 阿恩海姆（Rudolf Arnheim）. 艺术与视知觉[M]. 滕守尧译. 成都：四川人民出版社，1998：176.

[21] 任悦. 视觉传播概论[M]. 北京:中国人民大学出版社，2010：167.

[22] 张慈中. 心灵与形象——张慈中书籍装帧设计[M]. 北京：商务印书馆，2000：94.

[23] 辞海编辑委员会. 辞海[W]. 上海：上海辞书出版社，1990：1488.

[24] 谭平. 概念书籍设计——设计教学笔记[J]. 美术研究，1999. (3)：20.

[25] 李新柳. 东西方文化比较导论[M]. 北京:高等教育出版社, 2000：80-81.

[26] 邓中和. 书籍装帧创意设计[M]. 北京：中国青年出版社，2004：302.

[27] 周博. 现代设计伦理思想史[M]. 北京:北京大学出版社，2014：224.

[28]（美）帕帕奈克. 为真实世界的设计[M]. 周博译. 北京：中信出版社，2013：242-253.

[29] 李立新. 论设计的本质特征——再谈“用”与“美”分合的历史过程[J]. 设计艺术，2004：12.

[30] 李砚祖.艺术设计概论[M]. 武汉：湖北美术出版社，2009：121-128.